THE CLOUD BOOK

观云识天

英国国家气象局带你读懂天空的表情

[英] 理查德·哈姆林\著　王燕平　张 超\译

北京科学技术出版社

著作权合同登记号 图字：01-2019-1124

图书在版编目（CIP）数据

观云识天 /（英）理查德 · 哈姆林著；王燕平，张超译．—北京：北京科学技术出版社，2021.8(2024.8重印）
书名原文：THE CLOUD BOOK
ISBN 978-7-5714-0256-3

Ⅰ．①观… Ⅱ．①理… ②王… ③张… Ⅲ．①云－编码 Ⅳ．① P426.5
中国版本图书馆 CIP 数据核字 (2019) 第 070484 号

策划编辑：崔晓燕
责任编辑：崔晓燕
图文制作：源画设计
责任印制：张 良
出 版 人：曾庆宇
出版发行：北京科学技术出版社
社 址：北京西直门南大街16号
邮政编码：100035
电话传真：0086-10-66135495（总编室）
0086-10-66113227（发行部）
网 址：www.bkydw.cn
印 刷：北京宝隆世纪印刷有限公司
开 本：720 mm × 1000 mm 1/16
字 数：113千字
印 张：10
版 次：2021年8月第1版
印 次：2024年8月第7次印刷
ISBN 978-7-5714-0256-3

定 价：69.00元

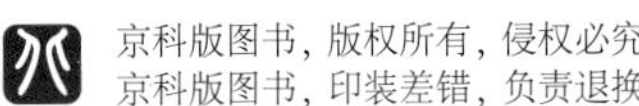

序一

作为一名天文工作者，有很多个夜晚我是在中国科学院国家天文台兴隆观测站度过的。观测天体的时间总是过得很快，转眼间天边已泛白，新的一天便开始了。有时，观测之夜刚刚过去，清晨的天空就像变戏法似的，涌出许多云彩。

云彩千姿百态，瞬息万变，赋予天空无限的可能。我还清楚地记得，在一个下午我看到了绚丽、壮观的虹彩云。后来，我看到，在美国国家航空航天局与密歇根科技大学合作的网站“每日天文一图”上有不少摄影师在关注天空中的云彩和大气光学现象。有的摄影师拍摄到天幕上的夜光云与极光共舞，有的拍摄到太阳旁边同时有几种晕和弧。

这些天文摄影师拍摄的照片深深地吸引了我。为了更详细地了解云彩，我学习了世界气象组织的《国际云图》中与十云属分类体系相关的知识。此后，在坐飞机的时候，我会特意选择靠窗的座位，因为这是观赏云彩的绝佳之处。我也会想，飞行员是不是也经常关注云彩？他们是如何识别云彩的？

看完这本书，我找到了答案，也打开了另一扇通往云彩世界的门。本书采用的是《国际云图》中的一个观测记录体系——云天编码体系。这个体系将云彩划分为 27 个类别，每个类别都由独特的国际符号来代表，气象学家和飞行员在报告天空状态时采用的就是这套速记符号。

相比于十云属分类体系，云天编码体系的优势在于突出了云彩生长和消散的过程。在它的 27 个类别中，有些类别的云彩是用来描述整个天空变化动态的，由此我们可以了解云彩的后续发展，这对于观云识天气有非常实际的指导意义。英文版《观云识天》于 2008 年出版，是经典的观云之作。感谢北京科学技术出版社有限公司把这本优秀的科普图书引入国内。中文版的两位译者王燕平、张超夫妇都是天文工作者，他们对天空一直保持强烈的好奇心，并常年保持观察云彩、收集云彩的习惯。他们扎实的专业知识和严谨的工作态度也为本书增色不少。我相信，不论是专业人士还是业余爱好者，都能从本书中获得很多知识和乐趣。

朱　进

《天文爱好者》杂志主编

序二

云彩随着大气奇思妙想的曲子翩翩起舞，并不断变换着自己的形状和颜色，它是大自然最伟大的艺术表现形式之一。云彩也是气象的重要表现形式之一，它反映了空气的动力学特征——小到对流形成的旋涡，大到低气压带形成的锋面逐渐逼近所引起的大范围空气抬升。

我在英国的苏格兰西南部的克莱德山谷长大，从记事起，我就被变化多端的天空深深吸引着。那时我总是兴奋地想：这样的天空意味着什么？接下来会发生什么？什么原因让卷云看起来呈丝缕状？为什么低空的层云总是令人压抑？我还清楚地记得，不断逼近的积雨云带来的“烟花表演”有多么激动人心。

当然，那时候我对各种云彩的名称还一知半解，但自从我读了一本与云彩观测相关的书后，观云识天的能力就逐渐得到了提升。

过去，我经常通过观察云彩的状态来识别天气，进而明白它预示着什么。这使我具备了非凡的洞察力，后来我成为一名天气预报员，并最终成为英国国家气象局的首席气象学家。

我在童年时期对云彩的思考，在我后来学习气象学相关的物理定律和数学方程式时，让我对大气运动有种熟悉而温馨的印象。当我将业余学习的大气知识与专业研究结合起来时，预报天气就有了气象科学的支撑。

本书让我重温了第一次看到各种各样的云彩时的情景。本书将精彩的照片与专业介绍结合起来，不论你是业余爱好者还是专业人士，它都能使你看到的混乱天空变得秩序井然。

尤恩·麦卡勒姆

英国国家气象局首席气象学家

↑ 约翰·康斯特布尔，《卷云研究》，纸面油画，1822 年左右。康斯特布尔有一份卢克·霍华德的云彩分类体系手抄本。在这幅创作于汉普特斯西斯公园的油画速写的背面，他写下了 *cirrus*（卷云）这个词。

前言

云及其分类

公元前 420 年，古希腊剧作家阿里斯托芬将云彩描述为“无所事事者的守护女神”。正如他所形容的那样，云彩总是令人着迷，它瞬息万变、转瞬即逝，为科学家和爱幻想的人们提供了丰富的精神食粮。长期以来，云彩及其不断变化的形状一直是大自然富于变化、恢宏壮阔的象征。

从古代开始，人类就对地球上的事物——小到微生物、矿物质，大到动植物——进行分类，随后又多次重新分类。然而，云彩始终没有被分类和命名（至少在西方文化中是如此）。直到 19 世纪初，英国伦敦东部一位“业余”气象学家卢克·霍华德（1772—1864 年，药剂师）才引入拉丁语中的 *cirrus*（卷云）、*stratus*（层云）、*cumulus*（积云）等词及这些词的组合来为云彩命名，这些拉丁名一直沿用至今。

当然，卢克·霍华德并非第一个试图系统了解云彩的人。长期以来，科学界的杰出学者一直在尝试解释云彩形成的复杂机制。例如，亚里士多德提出了关于大气蒸发的理论，他认为土、气、火和水这四种元素相互作用，决定了物质的基本性质——冷、热、干、湿。但是，没有人贸然给种类繁多的云彩进行分类和命名。当然，还有一部分原因是云彩转瞬即逝，对它进行分类和命名的挑战甚大。正如莎士比亚在《安东尼和克莉奥佩特拉》中所描述的那样，云彩不断改变形态和结构，随着时间流逝，它看上去“像一滴水落在水池里那样，分辨不出形状”。那么，如何给这种持续流动和变化的物体赋予永久或有意义的身份呢？

这一问题在 1802 年得到了解决。时年 30 岁的卢克·霍华德设计了一个看似简单的分类系统。众所周知，云彩在上升、下降或在大气层中扩散后，在几分钟内形态很难保持不变，而这个系统克服了云彩不断变化所带来的挑战。人们根据早期的自然分类法，通过属和种的排列组合给事物分类。与这种分类法相反，霍华德提出的新分类法需要体现云彩持续的运动和变化，正如他当时所说的，“云彩的变化会产生累积效应，当云彩持续发生变化时，这些累积效应也会传递下去”。

他指出，云彩之所以不断改变形状是因为大气中存在着我们看不见的物理变化过程。只根据一次观察，我们无法确定云彩属于哪个类别。但如果进行深入的观察，你就会发现虽然云彩有各自不同的形态，但实际上最基本的形态只有几种。霍华德认为，所有的云彩可以归属于 3 个主要的家族，他还借用拉丁语中的词分别将其命名为卷云（*cirrus*，拉丁语中的意思是纤维或头发）、积云（*cumulus*，拉丁语中的意思是堆或摞）、层云（*stratus*，拉丁语中的意思是层或片）。他声称，所有的云彩要么是这 3 种主要类型中的一种，要么是这 3 种类型的变形形态或过渡形态（中间形态）。处于过渡形态的云彩，可根据它们与主体云的关系进行命名。因此，高高的纤细卷云下降并扩散成一片（或一层）的云彩被称为卷层云，而许多蓬松的积云聚拢到一起、在天空中蔓延开来（形成一层或一片）的云彩被称为积层云。直到现在，这种分类方法依然称得上是非常精练和简洁的分类方法。云彩不可能永远静止不动，如何给云彩的过渡形态命名是道难题，但霍华德找到了简洁的方案，解决了这道难题。

1803 年，霍华德的云彩分类方法一经公布，便立即被科学界所采纳，并通过讲座、报纸和图书等方式传播到其他学科中。19 世纪 20 年代早期，风景画画家约翰·康斯特布尔将霍华德的云彩分类体系抄写了下来，并在本子上写满了注释。他将其与自己在伦敦汉普特斯西斯公园消夏时所画的风景画进行比对，辨认出 100 多种云彩。康斯特布尔在做这项气象学研究时非常认真，他说："除非真正了解它，否则我们真的看不出什么。"他将自己作为画家的声誉赌在那 6 英尺[①]长的画布上，创作了很多幅广阔、多彩的天空画作，并对天空中各要素的位置进行了仔细的研究。"即使天空阴云密布，也没关系，"他在给朋友写的信中这样写道，"因为我是喜爱云的人。"

德国诗人、自然哲学家约翰·沃尔夫冈·冯·歌德显然和康斯特布尔有同样的感受。歌德在 19 世纪 20 年代早期给霍华德写了一封信，信中附了一首名为《致敬霍华德》的赞美云彩的诗，诗句中隐含了每种云彩的类型。珀西·比希·雪莱在他的 84 行诗《云》（1820 年）中也以同样的形式描述了霍华德划分的各种云彩的独特而多变的特性。这首诗从低空的层云开始：

从我的翅膀上摇落下露珠，
去唤醒每一朵香甜的蓓蕾，

到高空的卷积云：

当我撑大我那风造帐篷上的裂缝，
直到宁静的江湖海洋，
仿佛是穿过我落下去的一片片天空，
都嵌上这些星星和月亮。

其中还写到了我最喜欢的积雨云：

我挥动冰雹的梿枷，
把绿色的原野捶打得犹如银装素裹；
再用雨水把冰雪消融，
我哄然大笑，
当我在雷声中走过。

1896 年第一版《国际云图》中的云彩分类体系

a. 独立的或球状的云团（经常出现于干燥天气）
b. 广泛铺展开或者覆盖整个天空（潮湿天气）
A. 高云族，平均海拔 9 000 米
a. 1. 卷云
b. 2. 卷层云
B. 中云族，平均海拔 3 000—7 000 米
a. 3. 卷积云
a. 4. 高积云
b. 5. 高层云
C. 低云族，平均海拔 2 000 米
a. 6. 层积云
b. 7. 雨云
D. 白天上升气流形成的云
8. 积云，云顶高度 1 800 米，云底高度 1 400 米
9. 积雨云，云顶高度 3 000—8 000 米，云底高度 1 400 米
E. 高雾，平均海拔 1 000 米以下
10. 层云

① 1 英尺 =0.3048 米。

与此同时，气象学开始在国际上占据地位。随着 19 世纪的到来，人们根据对云彩变化和天气情况的新见解和新观察，开始逐渐完善霍华德的云彩分类法。众多变化中的第一个变化就是增加了层积云（stratocumulus）这个术语。它是德国气象学家路德维希·克米兹于 1840 年提出的，他希望将滚动的灰色云团与霍华德所说的层云和积云混合而成的积层云（Cumulo-stratus）区分开。克米兹还将积层云从积云家族移入层云家族，放在了低气压云族中一个更合适的位置。后来，大家普遍同意将霍华德定的术语积层云删除，转而支持使用层积云（stratocumulus）这个术语。如今这个术语的定义是——层云，因底部不够平坦，故不足以被称为纯粹的层云；但也会上升、成团，又因其形态不太规则，故不足以被称为真正的积云。

在不久之后的 1855 年，法国圣莫尔和蒙苏里公园气象台主任埃米利安·雷诺提议增加高积云（altocumulus）和高层云（altostratus）这两个种类。这两个词的前缀“*alto*”来自拉丁语，意思是高高的。雷诺指出，这两个新云属都属于中云族，云彩的名称也体现了云彩所在的高度。正如他所说，云彩所在的高度对它们的形态有非常重要的影响。雷诺的提议强调了将高度作为评定云族的主要标准。世界各地的观测者们很快就采纳了这一提议，并于 1896 年（国际云年）9 月，在法国巴黎举办的国际气象大会（International Meteorological Congress，简称 IMC）年会上正式将霍华德的 7 种原创分类的扩充版定为全球标准，并将云彩的高度作为其主要分类标准。第一版《国际云图》刊出了新的分类体系，这是一本多语种指导手册，由国际气象大会在巴黎年会召开后不久出版。《国际云图》按照云彩所在的高度将云彩划分为 5 个部分，不仅区分了独立的云彩和连续的云彩（独立的或球状的云团和大范围铺展开的云彩），还涵盖了趋向于在不同高度间上升或下降所形成的云彩，如对流的积状云。

英语中的“be on cloud 9”（九霄云外）是这么来的：设想自己站在所有云彩中爬升得最高的积雨云（分类编号为 9 号）上，这时你会感觉像“站在世界之巅”，所以这个词组也经常用来形容“极其开心”。《国际云图》此后的版本曾将积雨云改为 10 号，但后来世界气象组织用 0—9 对十云属重新进行编号，因此“be on cloud 9”仍然可以用来形容最高（也最幸福）的地方。

除了 9 号云彩的编号有过短期的更换外，云彩分类还有许多其他重大的变化，尤其在我们对云彩的种类及变种的理解日益精准时。到目前为止，我只提到了十云属——后面列的 10 种主要类型。霍华德的分类法成功的部分原因在于它与瑞典植物学家林奈在 18 世纪初创立的双名命名法兼容。

林奈的分类法基于属的概念（属指具有共同特征的一类或一组有机体），再细分为两个或更多的种。例如，我们通常所说的鹭归于鹭属，是指一些外形相似的鸟。鹭属中的每种鸟都代表一个特定的种，如灰鹭大蓝鹭。拉丁学名由属名和种名组成，种名通常包含对特定特征的描述，如 *Ardea cinerea*（苍鹭）中的 *cinerea* 来源于拉丁语，意思是灰烬。基于同样的原则，大多数云彩分别属于 10 个云属中的某一个属，并且被归为特定的种，以此来描述云彩特有的形态或结构。例如，钩卷云（cirrus uncinus）是一种很容易识别的形似钩子的卷云（见第 066 页中的 CH1），*uncinus* 来源于拉丁语，意思是钩状的；而薄幕卷层云（cirrostratus nebulosus）是一种薄雾状的、朦胧的卷层云（见第 085 页中的 CH7），*nebulosus* 在拉丁语中的意思是朦胧的或模糊的。

云彩的变种主要用于区分云彩的某些附加特征，如云彩的相对透明度或云块的排列方式。例如，复成层状高积云指的是成层状的高积云有两层或更多层，复云的拉丁语 *duplicatus* 有双的意思；如果单层的云彩太薄，能透过太阳光，它就属于透光云的变种。

后面的表格展示了十云属中最常见的 14 个云种和 9 个变种，文后附录中的“术语”介绍了每个术语的含义和来源。乍一看，我们很难认术语表中来源于拉丁语的词，但事实上很简单，因为英语中大多数与拉丁语含义相同的术语中都有与其相同的拉丁语词根，比如 *floccus*（絮状云）的意思是簇绒或植绒，*congestus*（浓云）的意思是向上生长，*duplicatus*（复云）的意思是不止一层。对像我一样没接受过相关专业教育的人来说，理解起来也没有什么障碍。正如卢克 · 霍华德在 1818 年《伦敦气候》第一卷的“序言”中所说的，“我很容易记住源于拉丁语的云彩名称，每个词的意思都根据定义做了精心的修正。观测者一旦掌握了这一点，就能正确使用这些术语。有了一定经验后，就能根据云彩的形状、颜色和位置，自己进行分类”。

↑ 卢克·霍华德《论云的变形》（1803 年）中的版画。左图展示了云彩的主要种类：卷云、积云和层云。右图展示了云彩的复合形式：卷积云、卷层云和积层云。

← 卢克·霍华德肖像（约 1807 年，当时最好的肖像画家约翰·奥佩的作品）。

Ⓘ 卢克·霍华德《论云的变形》（1803 年）中的版画，展示了积雨云经过时的美丽景象。霍华德最初称这种云为“雨云”，后来这种云在 19 世纪后期被重新命名为“积雨云”。

当前世界气象组织使用的十云属分类

低云族，云底高度通常小于 2 000 米

6. 层积云

7. 层云

8. 积云

9. 积雨云

中云族，云底高度通常在 2 000—6 000 米

3. 高积云

4. 高层云

5. 雨层云

高云族，云底高度通常在 6 000 米以上

0. 卷云

1. 卷积云

2. 卷层云

十云属体系中云的种类和变种[①]

低云族

积云（Cu）
淡积云（C_L1）
碎积云（C_L1）
浓积云（C_L2）
中积云（C_L2）
辐辏状积云

积雨云（Cb）
秃积雨云（C_L3）
鬃积雨云（C_L9）

层积云（Sc）
积云性层积云（C_L4）
成层状层积云（C_L5）
堡状层积云（C_L5）
荚状层积云（C_L5）
透光层积云
漏光层积云
蔽光层积云
复层积云
波状层积云
辐辏状层积云
网状层积云

层云（St）
薄幕层云（C_L6）
碎层云（C_L7）
蔽光层云
透光层云
波状层云

中云族

高层云（As）
透光高层云（C_M1）
蔽光高层云（C_M2）

雨层云（Ns）（C_M2）

高积云（Ac）
荚状高积云（C_M4）
成层状高积云（C_M5）
积云性高积云（C_M6）
堡状高积云（C_M8）
絮状高积云（C_M8）
透光高积云（C_M3）
复高积云（C_M7）

高云族

卷云（Ci）
钩卷云（C_H1）
毛卷云（C_H1）
絮状卷云（C_H2）
堡状卷云（C_H2）
密卷云（C_H3）
乱卷云
辐辏状卷云
羽翎卷云
复卷云

卷层云（Cs）
薄幕卷层云（C_H5，C_H6，C_H7，C_H8）
毛卷层云（C_H5，C_H6，C_H7，C_H8）
复卷层云
波状卷层云

卷积云（Cc）
成层状卷积云（C_H9）
荚状卷积云（C_H9）
堡状卷积云（C_H9）
絮状卷积云（C_H9）
波状卷积云
网状卷积云

①关于云的种类和变种的划分，请查阅《国际云图》官方网站上的云彩分类表。

如何使用本书

本书遵循世界气象组织 1939 年版《国际云图》中的国际公认的云天编码惯例，为每种云彩或云彩的变种分配一个唯一的编码（及相应符号），编码中间的下标字母代表云彩所在的高度。因此，低云族（云底高度通常低于 2 000 米）的编码从 C_L1 到 C_L9，中云族（云底高度通常在 2 000—6 000 米）的编码从 C_M1 到 C_M9，高云族（云底通常在 6 000 米以上）的编码从 C_H1 到 C_H9。

相比十云属体系，这套体系将云彩划分为 27 种的优势在于更加强调云彩的生长和消散过程，可以体现天空不断变化的特点。我们将在本书第一章中看到有些编码中的云彩是描述整个天空的变化状态的，如果想判断出这些云彩，你要花很长时间关注特定云种的后续发展。对于高云族和中云族来说，云彩的发展情况比较复杂，尤其需要持续关注。例如，缓慢移动的卷层云在 27 个编码中占了 4 个，即从 C_H5（卷层云不断增长，但在天空中低于 45°①）到 C_H8（卷层云不会逐渐侵入②天空），而高积云的变形占了至少 7 个，即从 C_M3（处在同一高度的透光高积云和成层状高积云）到 C_M9（混乱天空中的高积云）。尽管 1939 年版《国际云图》认为将这种新的云天编码称为“天空类型编码”更合适，但是“实际赋予天空类型特征的是单独的一朵云彩及其‘组织’”。

理解云彩的“组织”是理解云彩“行为”的关键。根据世界气象组织的编码惯例（英国国家气象局内部出版的专业刊物《给观察者的云彩分类书》使用的也是这个编码体系），本书旨在使读者不仅能够辨识任何时刻的云彩和天空，还能够追踪云彩随时间的推移可能发生的变化。例如，在类别 C_H1 中，独特的高云族冰云——钩卷云和毛卷云（见第 066 页）可能会由于缓慢融入暖空气而消散，并最终被蒸发。但有时由于低气压即将来临，湿润的空气上升，云彩在消散的过程中会在天空中蔓延数千米，变成类别 C_H4 中的卷云（见第 076 页）。这些云彩本质上与 C_H1 相同，但天空的特征完全不同，因此需另行定义。云彩的行为——在几分钟或几小时内从一种变成另一种——是云彩分类的一个组成部分，这与所有其他气象学分支一样，重点强调对随时间推移而展开的过程进行仔细的观察。而云彩和天气随时都在发生变化。

①本书所说的角度特指云彩与观察者所处的地平线之间的夹角。

②侵入：云彩逐渐成片地出现在天空中，覆盖大部分天空或整个天空。

本书第一章介绍了十云属、14 个种和 9 个变种，除此之外，还介绍了 3 种附属云：幞状云、破片云和缟状云（见第 094—096 页）。它们与主云共同出现，还有 6 种附属特征——砧状云、悬球状云、幡状云（落幡）、降水线迹、弧状云、管状云（见第 097—103 页），其中大部分附属特征是大型积雨云所带来的“混乱演出”中偶尔出现的“小角色”。这些云彩在本书第二章中会有详细介绍。第二章还将介绍一些特殊的云彩，如神秘的夜光云（见第 105 页）或由飞机的凝结尾迹形成的航迹云（见第 108 页），以及一系列与云彩活动相关的光学效应和现象，如晕、幻日和曙暮光条。云彩在气候变化中的作用将在“后记”（见第 127 页）中予以介绍，近年来对这一领域的研究变得日益紧迫，云彩已再次成为大气领域探索的核心部分。

简而言之，与云彩有关的一切——无论是巨大的积雨云还是小片的碎层云，无论是平时司空见惯的现象还是稍纵即逝的罕见现象——在本书中都会讲到。正如生态学先驱亨利·戴维·梭罗在 1837 年 11 月 17 日的《自然》杂志指出的那样，“就算地球上没有什么新鲜的事了，天空中还有新鲜的事。”天空一直是我们的资源之一，它不断翻开新的页面给我们看。风在蓝色的天空下塑造着各种类型的云彩，只有喜欢探究的心灵才能从中找到新的发现。

云的分类符号

云的 27 种形态分别被赋予了唯一的国际通用符号，气象学家和飞行员在报告天空状态时会将其作为快速视觉记忆的形式。

低云族	中云族	高云族
C_L1	C_M1	C_H1
C_L2	C_M2	C_H2
C_L3	C_M3	C_H3
C_L4	C_M4	C_H4
C_L5	C_M5	C_H5
C_L6	C_M6	C_H6
C_L7	C_M7	C_H7
C_L8	C_M8	C_H8
C_L9	C_M9	C_H9

目 录

第一章 低云族

第二章 中云族

第三章 高云族

第四章　其他的云与大气现象

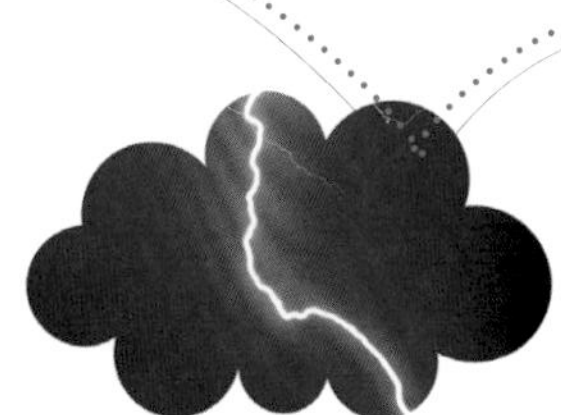

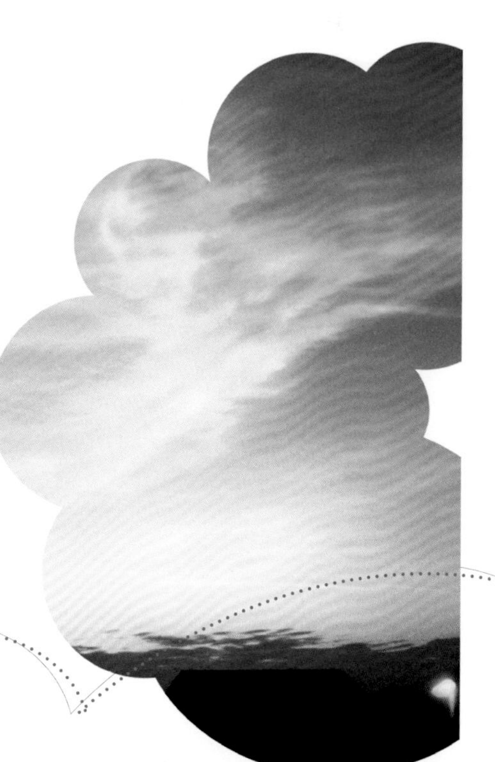

第一章
低云族

碎积云和淡积云

（晴天积云）

C_L1

符号 = ⌓

说明：纵向发展不剧烈、云体较扁平的积云（淡积云），或非恶劣天气的不规则积云（碎积云）。涉及的主要云种为碎积云和淡积云。

我最喜欢的漫画《花生》中有这样一个情节：莱纳斯和查理·布朗躺在地上，凝视着天空中飘过的云彩。查理问莱纳斯能看出什么形状，莱纳斯回答说，他刚刚看出了英属洪都拉斯的轮廓、画家托马斯·伊金斯的侧面肖像，以及油画《被处以石刑的圣·斯蒂芬》的精细画面："使徒保罗正站在一边。你呢，查理·布朗？""我本来要说我看到了一只小鸭子和一匹小马，但我又改变主意啦。"

使查理·布朗想要改变主意的是在太阳照耀下闪耀的一排小积云，根据莱纳斯所说的圣·斯蒂芬殉难的画面可以推断出个头最大的那些积云已形成更大的浓积云（见CL2）。

↑ 宁静的夏日天空中，满天的淡积云从英国伍斯特郡伊夫舍姆上空飘过。

← 这张照片拍摄于夏日午后的英国康沃尔郡波特瑞什海滩。被太阳晒热的海面上，一朵朵刚形成的碎积云浮现在上升的热泡上。

这些对流云形成于热泡[1]之上，温暖、宁静的夏日清晨，当太阳晒热地面时就会有烟羽状的热泡从地面上升起，有时会有小小的碎积云从薄雾中浮现出来。

上升的水蒸气冷却，在凝结核[2]上凝结成小水滴，小水滴聚集到一起，向上或向周围发展，就形成朵朵蓬松的白云。

①热泡：在一个比其紧邻环境更暖的表面上局地产生的上升气团。

②凝结核：空气中存在的尘埃、烟、花粉和海盐等微粒，大气中的水蒸气能在其上凝结成小水滴。

Ⓘ 夜晚结束时，碎积云渐渐消散。

当白云完全成形之后，这些浓厚的白色的云团分散开，我们能够看到广阔的蓝天。这些云彩有着清晰的水平云底和圆形顶部，它们通常被称为晴天积云，尤其当这些云彩向上发展就会成为淡积云时，如第 002 页照片所示，一排排的淡积云飘在距离地面 600 米的天空中。

晴朗的早晨，阳光照射在陆地上，积云的小云块可能是因地面快速升温，使空气变热而产生热对流导致的，也可能是由雾蒙蒙的薄幕层云（见 CL6）变化而来的。如果这些小小的积云开始呈现出垂直发展的趋势，特别是在下过雨的温暖午后，当大气变得不稳定时，形成的积云属于中积云或浓积云（见 CL2）。

这 3 种积云的主要区别在于淡积云的水平宽度大于垂直厚度，中积云的水平宽度和垂直厚度差不多，而浓积云的垂直厚度大于水平宽度。但并不是所有 CL1 类别的云彩都注定要发展成CL2类别的云彩。宁静的夏末，日落时暖空气开始冷却，热泡不再上升，这时这几种积云将会下沉并消散，碎成更小的碎云片。这 3 种个头较小的积云都不会产生降水，但它们在夜间会因气温降低而逐渐消失。

阳光灿烂的日子里，蓬松的白色浓积云凭借向上的对流迅速生长。

浓积云和中积云

CL2

符号 =

说明：纵向发展程度中等或发展强烈的积云的上部通常呈穹顶形或炮塔形凸起，这些云的云底都处于同一高度上。有时，这类云彩和其他积状云一起出现。涉及的主要云种为浓积云和中积云。

在 CL1 中我们提到，这些个头较大的积云是由 CL1 类别的云彩发展而来的。阳光照射下，通过温暖、潮湿的空气柱向上升而产生对流，形成积云。随着热泡上升，热泡会膨胀并冷却，直至达到露点①，这时热泡中的水蒸气凝结并聚集成云。水蒸气在凝结过程中释放出大量潜热②，云彩正在生长，这些潜热加热了云内的空气，导致对流更加活跃，从而聚集成云。这个生长周期持续的时间越长，云彩就生长得越高，特别是当水蒸气的凝结过程始于清晨，并且之前一整天都是晴天时，云彩会生长得更高。

积状云的生长周期在很大程度上取决于周围空气的稳定性和温度。如果上升的潮湿空气遇到周围温暖、稳定的空气时，它不会向上生长，而是向水平方向铺开，形成层状云；如果上升的潮湿空气一直被较冷的空气所包围，它就会继续上升，形成积状云。所以，积状云是大气不稳定的明显标志。

↓ 中积云在风的作用下排列成平行线，即著名的“云街”，摄于英国肯特郡多佛港。

①露点：水蒸气凝结成水滴的温度。
②潜热：水蒸气中锁住的热量。

↑ 一片蓬勃发展的浓积云聚集在美国科罗拉多州科罗拉多斯普林斯市的上空。

积云的生长会受到很多外部因素的限制，如侧面的风切变、积云上方的蒸发，以及积云下方的不均匀对流[1]等。因此，有些积云只会长到第 006 页照片所示的大小，或者生长成中积云。中积云在风的作用下排列成平行线，这就是著名的“云街”（如果用林奈分类法定义，叫作辐辏状中积云）。

然而，蓬勃发展的积云在一天内可以生长得非常大，正如对页照片所示，巨大的白色对流炮塔形凸起部分能在空中向上延伸 1600 米或更高。在陆地上，由于热对流迅

①不均匀对流：地表不同位置上反射的热辐射的量也不同。

↑ 英国林肯郡附近的海面上，浓积云的炮塔形凸起部分像巨人般高耸着，向上延伸约 1600 米或更高。

速减少，这种积云可能会在傍晚时分开始消散。但在海面上，比如本页我们所看到的积云会一直生长，延续至深夜，因为大海释放白天所吸收的热辐射的时间比陆地释放热辐射的时间更长。

如果积云形成于海面上空，当它的高度超过 2 000 米时就会带来阵雨。在热带地区，积云会产生强降雨，这是因为个头较大的浓积云经常会向上发展，形成秃积雨云（见 CL3）。个头较大的浓积云也可能会遇到逆温层而朝水平方向铺开，形成积云性层积云（见 CL4）。

⊙ 这张照片摄于英国诺森伯兰郡英格拉姆山谷上空，捕捉到了浓积云过渡为秃积雨云后在天空中聚集的时刻。

CL3

符号 =

说明：积雨云顶峰的轮廓不够清晰，既不呈明显的纤维状，也不呈砧状。涉及的主要云种为秃积雨云。

秃积雨云

秃积雨云呈巨大的滚动形状，顶峰接近对流层顶。秃积雨云代表的是大型浓积云发展的下一个阶段。

随着浓积云继续发展，其顶部开始变化，不再是清晰的花椰菜状，而是变得更加平滑和牢固。从识别云彩上来说，这种变化是浓积云（CL2）过渡为秃积雨云[①]（CL3）。第 010 页照片呈现了积云从 CL2 类别的云过渡到 CL3 类别的云。这是一团充满活力的秃积雨云，强劲的凸起表明这团云仍在迅速生长，可以看到背后的蓝天，表明仍有大量的太阳能可供其使用。

秃积雨云可以长到相当高的高度。如第 012 页照片所示，一团相比第 010 页照片中更大的秃积雨云聚集在美国堪萨斯州北部的上空，尽管它已经开始向外扩散，但其顶峰似乎仍有对流能量产生的旋涡，这表明这团秃积雨云正处于另一个过渡阶段，即正在迅速发展为成熟的雷暴云。雷暴云顶峰有一个由冰晶构成的雷雨云砧，呈清晰可见的细鬃条纹状（见 CL9，鬃积雨云），它正在酝酿着风暴。

站在远处，我们很容易就可将秃积雨云与其带来暴风雨的“近亲”——鬃积雨云区分开。不过，如果我们恰好位于积雨云下方，就没有那么容易区分了。秃积雨云会带来大雨和飑[②]，但

①秃积雨云：拉丁名称为 *Cumulonimbus calvus*，其中 *calvus* 源于拉丁语中“秃头”。

②飑：突然出现的强风，持续时间较短。

㊀ 发展到后期的秃积雨云，在其顶峰处可以明显看到剧烈的对流能量所产生的旋涡。

很少产生闪电或冰雹，这往往是鬃积雨云的特权。但在极少数情况下，秃积雨云会产生闪电和冰雹，所以有时我们很难清楚地区分 C_L3 和 C_L9。如果遇到这种情况，按照惯例将积雨云编码记录为 $C_L = 9$。

对这两种积雨云，飞机往往敬而远之，因为云内强大的气流会产生猛烈的湍流，同时这两种积雨云有很高的含水量，大量的水蒸气会导致冰冷的金属上凝结厚厚的冰层。

观云识天
导读手册

云从哪里来，云到哪里去？

解开云彩的秘密

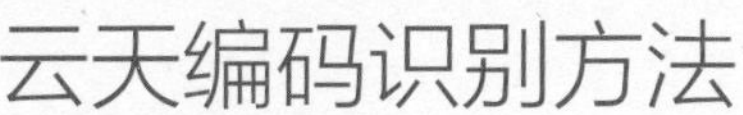

云天编码识别方法

1. 低云族

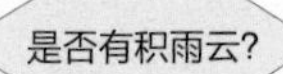

是否有积雨云?

是

否

是否由积云铺开形成?

是

否

CL4 积云性层积云

云彩由于遇到逆温层，或者到了午后，变得较平。

积云与层积云是否位于不同高度上?

是

否

CL8 处于不同高度的积云和层积云

二者的云底高度不同，通常积云的高度更低。

纵向发展程度是否为中度或强烈?

是

CL2 浓积云、中积云

云彩的形状像花椰菜一样。

顶部是否有明显的丝缕结构？顶部是否有云砧?

是

CL9 鬃积雨云

顶部通常有云砧。鬃积雨云可能会带来各种形式的降水。

否

CL3 秃积雨云

顶峰轮廓不清晰。秃积雨云可能会带来各种形式的降水。

CL7 恶劣天气时出现的碎层云或碎积云

出现于雨云下方的不规则的层云或积云。碎层云、碎积云可能会出现在降水过程之前、之中或之后。

否

剩下四种云彩中哪一种云占主导?

CL6 薄幕层云、碎层云

云层较均匀的层云，或层云在消散过程中变成了碎片。

CL1 碎积云、淡积云

纵向发展不剧烈，云彩可能会破碎。

CL5 成层状层积云、堡状层积云、荚状层积云、

云块呈圆形，底部有阴影。

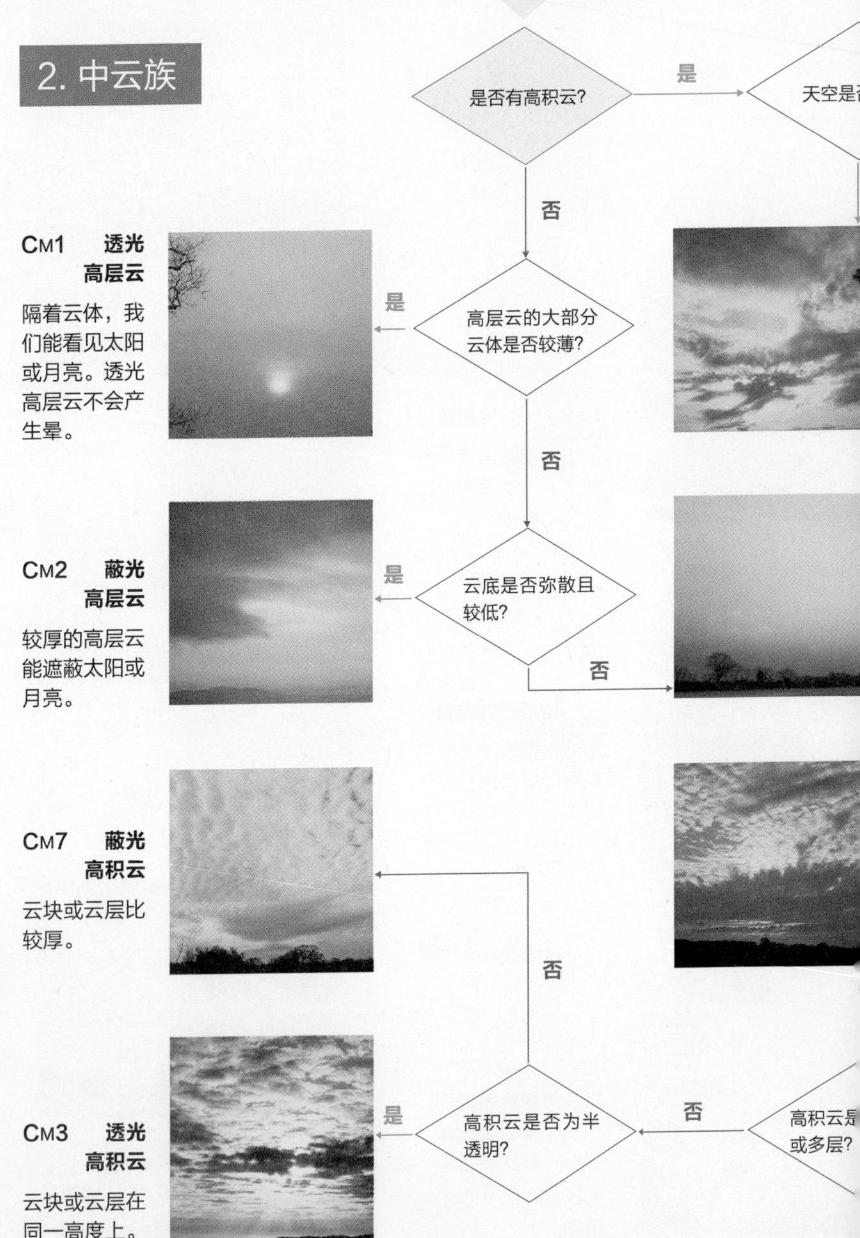
2. 中云族
是否有高积云?
是
天空是否
否
CM1 透光高层云
隔着云体，我们能看见太阳或月亮。透光高层云不会产生晕。
是
高层云的大部分云体是否较薄?
否
CM2 蔽光高层云
较厚的高层云能遮蔽太阳或月亮。
是
云底是否弥散且较低?
否
CM7 蔽光高积云
云块或云层比较厚。
否
CM3 透光高积云
云块或云层在同一高度上。
是
高积云是否为半透明?
否
或多层?

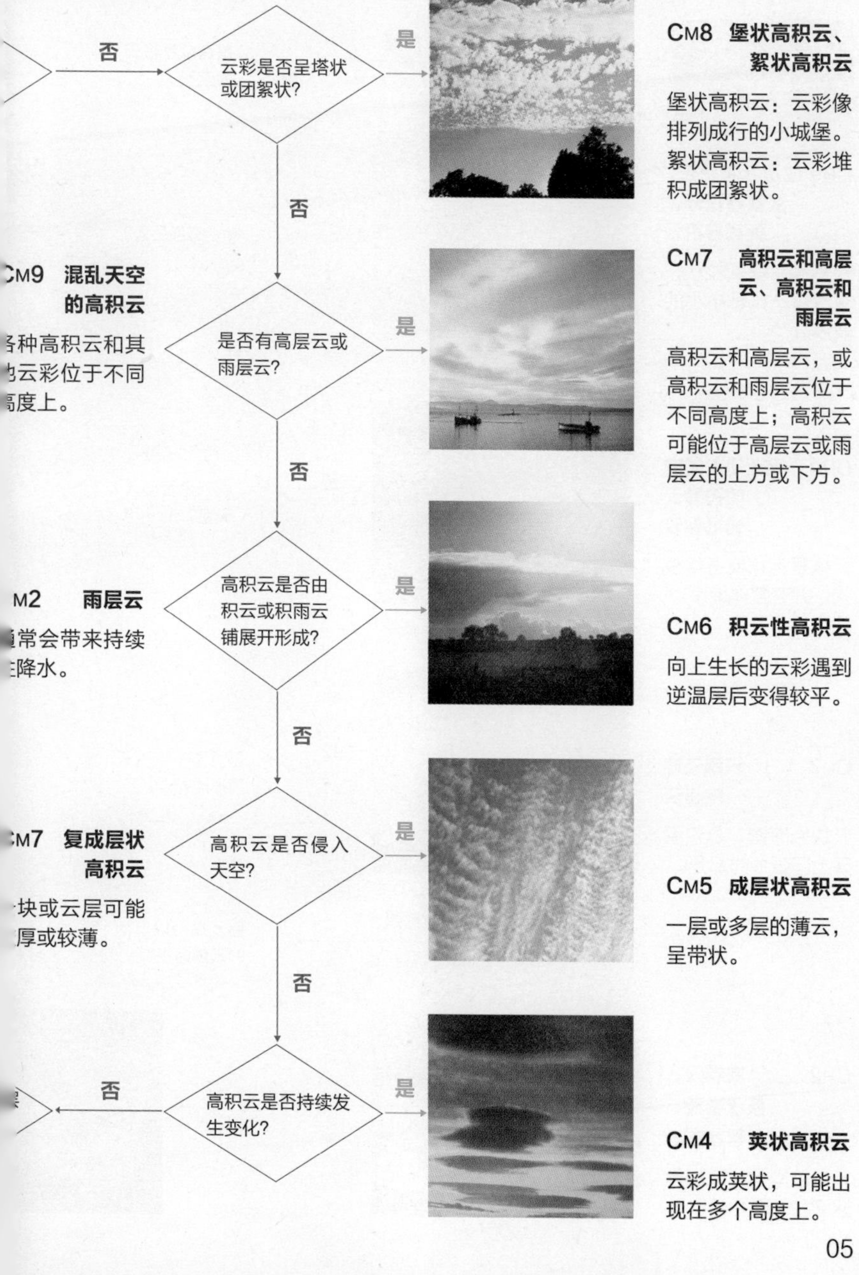
否
云彩是否呈塔状或团絮状?
是
否
是否有高层云或雨层云?
是
否
高积云是否由积云或积雨云铺展开形成?
是
否
高积云是否侵入天空?
是
否
高积云是否持续发生变化?
是
否
CM8 堡状高积云、絮状高积云
堡状高积云：云彩像排列成行的小城堡。絮状高积云：云彩堆积成团絮状。
CM7 高积云和高层云、高积云和雨层云
高积云和高层云，或高积云和雨层云位于不同高度上；高积云可能位于高层云或雨层云的上方或下方。
CM6 积云性高积云
向上生长的云彩遇到逆温层后变得较平。
CM5 成层状高积云
一层或多层的薄云，呈带状。
CM4 荚状高积云
云彩成荚状，可能出现在多个高度上。
CM9 混乱天空的高积云
各种高积云和其他云彩位于不同高度上。
M2 雨层云
通常会带来持续性降水。
CM7 复成层状高积云
云块或云层可能较厚或较薄。

3. 高云族

是否以卷积云为主?
是
否
是否有卷层云?
否
卷云是否侵入天空?
是
否
是否源于积雨云，再形成卷云?
是
否
卷云是否以厚密的云体为主?
是
否

CH9 成层状卷积云、絮状卷积云、荚状卷积云

云彩通常呈颗粒状，有时像一排排小小的波浪。

CH4 逐渐侵入天空的钩卷云或毛卷云

云体呈钩状或者丝缕状，并会整体增厚。

CH3 积雨云性密卷云

云块较厚密，是积雨云上部残余的部分。

CH2 密卷云、堡状卷云、絮状卷云

云体较厚密，像细丝捆缠在一起。

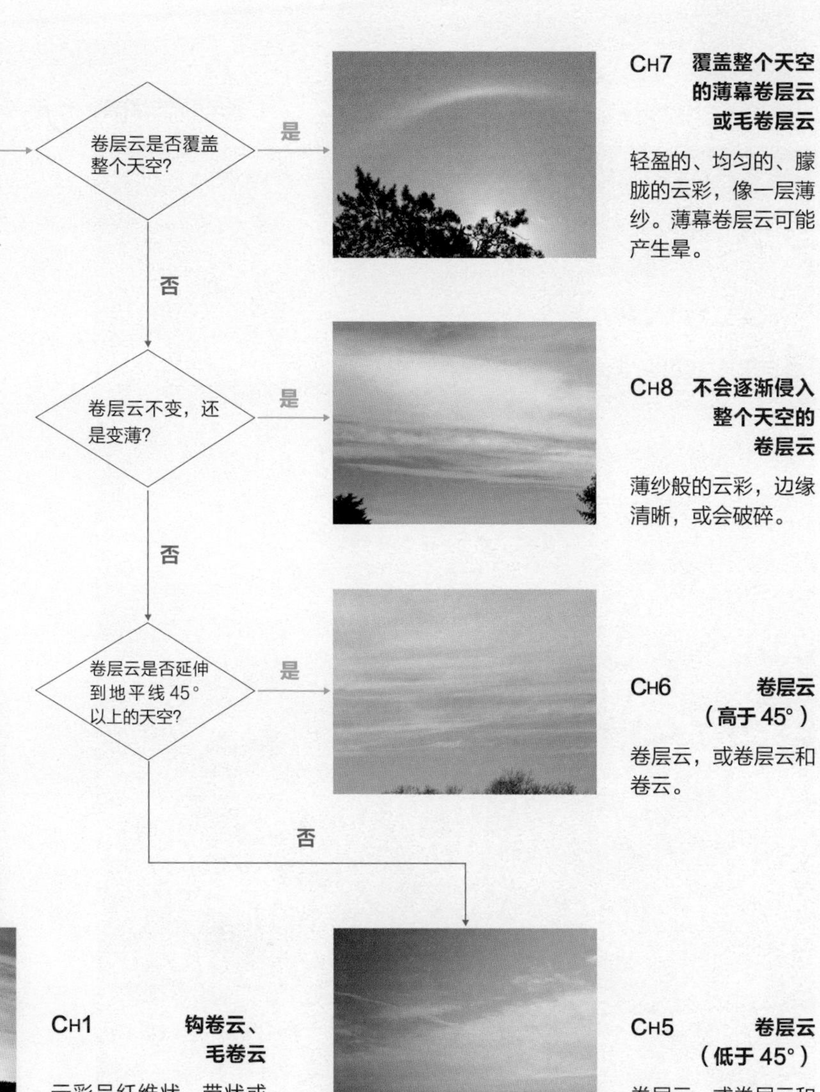
卷层云是否覆盖整个天空?
是
否
卷层云不变，还是变薄?
是
否
卷层云是否延伸到地平线45°以上的天空?
是
否

CH7　覆盖整个天空的薄幕卷层云或毛卷层云

轻盈的、均匀的、朦胧的云彩，像一层薄纱。薄幕卷层云可能产生晕。

CH8　不会逐渐侵入整个天空的卷层云

薄纱般的云彩，边缘清晰，或会破碎。

CH6　卷层云（高于45°）

卷层云，或卷层云和卷云。

CH1　钩卷云、毛卷云

云彩呈纤维状、带状或钩状。

CH5　卷层云（低于45°）

卷层云，或卷层云和卷云

“码”上识云

1. 春风中的淡积云。

2. 夏日山间的层云。

3. 层积云让山顶不断变换着光影。

4. 秋天的荚状层积云。

5. 冬季的雨层云会带来降雪。

6. 飞机舷窗外的淡积云（视频前半段）和荚状层积云（视频后半段）。

7. 开尔文—亥姆霍兹波转瞬即逝。

8. 阳光照射在淡积云上产生日华。

9. 环天顶弧像一道彩虹出现天空中。

10. 草原上，我们很容易看到大朵的积云。

积云性层积云

CL4

符号 =

说明：由积云铺开形成的层积云，天空中可能还有残留的积云。涉及的衍生云为积云性层积云。

积云性层积云是衍生云的最好例子，云彩从一个属转变为另一个属。这种层积云是上升的浓积云（见 CL2）的顶部遇到逆温层[①]时所形成的云。

虽然有时积云性层积云平整的上方会有一些孤立的积云云块继续生长（见 CL8 中描述的天空状态），但总体而言，上升的热泡不足以穿过逆温层。当向上的对流遇到这个障碍之后（空气是非常差的热导体），正在上升的积云便开始朝着水平方向铺开，形成了独特的锥形外观。不久之后，原本分散的云底连接在一起，形成能够覆盖一大片天空的云彩结构。

①逆温层：逆温层中的大气随着海拔的升高降温的速度会逐渐变缓，甚至有可能会升温。

← 英国伯克郡布拉克内尔，傍晚的天空中正在上升的浓积云开始朝水平方向铺开，形成积云性层积云。

这 4 张拍摄于英国怀特岛托特兰的照片记录了积云在 20 多分钟时间里的变化过程。随着夜晚到来，太阳带来的热量逐渐散去，积云常常变成层状的层积云。这些照片中还可以看到卷云和卷层云云块。 ⓘ↑ ↗ ↓ ↘

ⓘ 英国的苏格兰法夫郡圣安德鲁斯多云的天空中，一层层空气遇到丘陵后被抬升，形成荚状层积云。

成层状层积云、堡状层积云和荚状层积云

CL5

符号 = ⌒

说明：不是由积云铺开而形成的层积云。涉及的主要云种为成层状层积云、堡状层积云和荚状层积云。

⊕ 堡状层积云的炮塔状凸起从水平的云底升起，有时会向上生长，形成浓积云。

层积云是最常见的云，经常大片出现在陆地和海洋的上空。1803 年，卢克 · 霍华德将这类云归类为“积层云”。层积云在 19 世纪中期被引入云彩分类命名领域，该名称强调的是这种大范围铺开的、过渡形式的云彩自身的成层性质。

与我们前文提到的由积云铺开形成的层积云（CL4）不同，这里的几种层积云通常是由上升气流抬升而形成的，或是由低云族的层云（CL6）破碎而形成的。云层增厚会变成深色的云条，其边缘合并后会形成明显、连续的云层。如第 018 页的两张照片所示，一张是挪威奥斯陆峡湾上空正在逼近的成层状层积云，另一张是英国北威尔士的安格尔西岛上日落时分的成层状层积云。这些云看上去好像会带来大雨，但实际上只能带来毛毛雨，它们需要生长得更厚、颜色更深时才能带来大雨。

成层状层积云有连在一起的，也有未完全连在一起的。云块之间相互分散，可以看到蓝色的天空，这是冷空气气穴下沉造成的现象，如第019页下图所示，英国诺福克郡霍尔特的天空中布满了参差不齐的白色成层状层积云。这种云彩与成层状高积云（见CM5）略有相似之处，只是成层状高积云的云块更小、位置更高，因此这两种云彩很容易区分。

堡状层积云的云底较平坦，云顶有由对流引起的炮塔状凸起，如第017页右图所示。如果对流继续发展，这些

⇓ 日落时分的成层状层积云的云底高度760米。摄于英国北威尔士的安格尔西岛。

低空的层云上升、增厚，并卷成深色的云层，形成成层状层积云。摄于挪威奥斯陆峡湾。

炮塔状凸起可能持续向上生长一天，从而发展成浓积云（CL2）甚至是积雨云，而浓积云可能再发展为积云性层积云（CL4），这样就完成了从层积云到积云，再到层积云的一个完整的循环。如前文所述，云彩是很容易变化的，它们会从一个属或种变成另一个属或种，一两个小时之后再变回来，这种情况尤其会发生在不稳定的大气中。因此，让观云这件事成了值得不停歇地进行下去的工作。

荚状层积云是层积云属中最不常见的云种。潮湿的空气缓慢越过山丘时会形成长而平滑的荚状层积云。如第 016 页照片所示。荚状层积云看起来与荚状高积云（见 CM4）有很大不同，它起伏更明显，延伸得更长，所以不太像不明飞行物。

从成层状层积云的云块间可以看见蓝天，这表明那里的冷空气气穴在下沉。摄于英国诺福克郡霍尔特。

薄幕层云

C_L6

符号 = ——

说明：层云或多或少地连成一片或一层，或呈碎片状，或二者兼有，但这些云彩碎片不是恶劣天气时出现的碎层云。涉及的主要云种为薄幕层云和碎层云。

在上升气流的影响下，薄幕层云在275米高的空中裂开。

薄幕层云是低云族的一种云，完全没有结构，由水滴组成，呈灰色，在天空中能延伸数千米。与对流运动形成的积状云相比，低云族的层云在凉爽、稳定的环境下形成，且没有湍流运动形成的气穴。当缓缓上升的微风携带着凉爽、潮湿的空气穿过寒冷的海面或陆地表面时，空气中的水蒸气会在较低的位置发生大范围凝结，形成薄幕层云，其高度通常低于 500 米。从摄于美国马萨诸塞州波士顿的照片中可以看出，薄幕层云通常很低，会遮挡住树木和建筑物的顶部。

虽然薄幕层云有时在夜间可以由微风吹起的地面雾形成，但值得注意的是雾和霭严格来讲根本不算是云彩，因为它们直接接触地面。尽管雾和霭通常被描述为地面层云的一种变化，其形成方式也类似于层状云的形成方式，即当潮湿的空气在夜间接触寒冷的地面或水面时，环境温度很容易达到露点，就形成了雾和霭。

薄幕层云的厚度各异，有的能完全遮挡住来自上方的光线（这种云彩叫作蔽光薄幕层云）；有时我们透过云彩能清晰地看到太阳或月亮的轮廓，如本页照片所示，月光能够透过薄纱般的薄幕层云（这种云彩叫作透光薄幕层云）。与其"远房表兄妹"——水云[1]高层云和冰云[2]卷层云（见 Cм1

①水云：由液态水组成的云叫作水云。
②冰云：由固态冰晶组成的云叫作冰云（冰晶云）。

↑ 月光下薄纱般的透光薄幕层云。

↑ 薄幕层云笼罩在美国马萨诸塞州波士顿上空，遮住了建筑物的顶部，使市内居民明显感觉到压抑。

中的“高层云”和 CH5—CH6 中的“卷层云”）不同，这种低云族的层云不会产生晕、幻日之类的光学现象，也不会产生大量降水。

薄暮层云通常会被渐渐升起的太阳或刚到来的温暖湍流破坏掉。薄幕层云在上升过程中，有时看起来更像是低低的积状云，如第 020—021 页照片所示，随着对流上升，薄幕层云会渐渐变成成层状层积云。

观察随时间变化的薄幕层云，你可以预测短期内的天气情况。如果一层薄幕层云在空中形成，再沿着山坡上升，这就表明可能会下雨，生活在山谷中的人们都熟知这条规律。如果夏天夜晚的天空中出现了低空薄幕层云，第二天早晨的天空会变得阴沉，但是当太阳升起后会将水滴蒸发掉，驱散阴沉的云层，我们会迎来晴朗的一天。

碎层云

C_L7

符号 = - - -

说明：恶劣天气时出现的碎层云或碎积云，或二者兼有（另见第 095 页破片云）。涉及的主要云种为碎层云。

⊖ 下雨前，英国的苏格兰阿盖尔郡格伦科峡谷的上空盘旋着一缕缕碎层云。

碎层云是低云族的碎片云，可以单独出现，如下面拍摄于瑞士小镇蒙特勒的照片中的白色层云，也可以出现在如高层云或雨层云（CM2）等降水云层的下面，这些云彩被统称为破片云（见第 095 页）。

这些不断变化的云彩碎片也被称为“飞毛腿云”或“信使云”，它们可能会继续融合，形成零散地连在一起的一层云，这种云彩会遮住上方的天空。但通常来说，在下雨前，碎层云呈丝缕状，在微风吹拂下快速移动，如对页拍摄于英国的苏格兰高地格伦科峡谷的照片所示。图中的刚飘来的云彩既不是雾，也不是霭，因为它明显是在地面上形成的，不过是被风沿着水平方向吹向山间，之后它会快速越过这座山，为紧随而来的雨让路。

当碎层云伴随雨层云（CM2）等雨云一起出现时，雨有时像是从较低的碎层云中落下来似的，而实际上雨是从上面的雨层云中落下来的。碎层云很少产生降雨，只是偶尔会带来短暂的毛毛雨。

⊖ 被风吹起的一团碎层云来到了瑞士小镇蒙特勒的山坡上。

↑ 美国俄克拉何马州诺曼市上空中由层积云和积云组成的多层混合结构是卢克·霍华德最喜欢的景象。

处于不同高度的积云和层积云

C_L8

符号 =

说明：积云和并非由积云（C_L4）铺开形成的层积云的云底处于不同的高度。涉及的主要云种为处于不同高度的积云和层积云。

如前文所述，层积云可以通过以下两种方式形成：第一种是由浓积云顶部铺开而形成；第二种是由薄幕层云因受上升气流的影响而上升、破碎形成。CL8 类别的云彩都是第二种方式形成的云彩（对流云）的变种，是在已有的成层状层积云的云层下面形成小积云，这种情况相对比较常见，我们可以在对页和本页的两张配图中清楚地看到这个过程。

上升的积云接近层积云所在高度的过程中，不会像积云性层积云（CL4）那样水平铺展，而是向上延伸，并穿透上方的层积云。如下面图片所示，云底高度 600 米的积云不断接近比其高 300 米的层积云。通常，当上升的积云接触层积云，接触点附近的层积云云层将变薄或破裂。

1803 年，卢克 · 霍华德在《论云的变形》中详细地描述了当多种云彩混合时天空不断发生变化的景象，他观察到“上方的层积云变得浓厚并扩散开，下方的积云上部不断向上延伸，直至进入上方的层积云”。这两层云彩混合的结果如第 026 页照片（摄于美国俄克拉何马州）所示，天空中呈现出一派复杂而迷人的景观。“天空中的云彩就像覆盖着皑皑白雪的深色山脊、湖泊、岩石和塔楼等似的，它们在地平线上慢慢消失，这种景象真是令人着迷。”霍华德总结道。

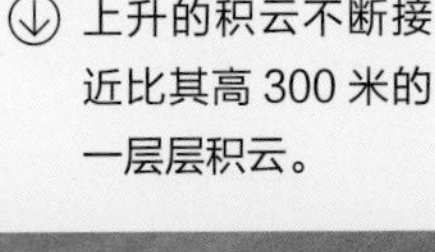

上升的积云不断接近比其高 300 米的一层层积云。

鬃积雨云

CL9

符号 =

说明：积雨云的顶部呈明显的毛状，通常有云砧。有时没有云砧的秃积雨云（见 CL3）会伴随这种云彩一起出现。涉及的主要云种为鬃积雨云。

← 风暴云即将消散。巨大的鬃积雨云从美国堪萨斯州的农田上空经过，一场大雨过后，云体明显变小。

鬃积雨云有高耸的云砧，可以生长得很高，从距离地面 600 米或更低的云底一直生长，直到距离地面 18 000 米以上的高度（对流层与平流层交界处）。这时的鬃积雨云是地球上空最高的自然景象。难怪人们用“九霄云外”（be on cloud 9 中的“9”是 1896 年第一版《国际云图》中积雨云的编号）来表示“世界之巅”。

如果你想感知鬃积雨云真实的体量，最好的方法是在地平线上观察，如对页上图所示，在一个风雨如磐的夏日午后，巨大的鬃积雨云出现在美国得克萨斯州迪米特县村落的上方，其云体包括由冰晶组成的细鬃状的云砧。雷鸣、闪电、冰雹、大雨和强风等天气现象常伴随鬃积雨云一起出现。这种云彩蕴含的能量有时相当于在广岛爆炸的原子弹能量的 10 倍。

积雨云通常是由那些由于剧烈的向上对流而变得不稳定的浓积云（见 CL2）发展而成的。正如我们在介绍秃积雨云（见 CL3）时所说的，秃积雨云是浓积云和这里介绍的成熟鬃积雨云的中间阶段，而浓积云独特的花椰菜状顶部已被冰晶云砧所替代。这个巨大的冰晶云砧有时会被高层大气中的强风吹至数百千米远，形成令人可怕的蘑菇云（如第 031 页下部拍摄于南非开普敦的云彩）。

如果从远处看，我们很容易将秃积雨云和鬃积雨云区分开，但如果从云底的正下方往上看，会觉得整个天空很低、很暗，并且伴随着破片云（见第 095 页）出现。这时，我们很容易将这两种积雨云与 CM2 中的雨层云搞混。雨层云像厚厚的暗灰色毯子一样遮盖天空，常会产生连续性雨雪。

如果正在下冰雹或打雷（这些是积雨云出现的标志），我们很容易

⇧ 巨大的鬃积雨云上有由冰晶组成的细鬃状云砧。

这样的风暴云蕴含的能量相当于在广岛爆炸的原子弹能量的 10 倍，它们可以生长得非常高，与下方的景观形成强烈反差。此图拍摄于美国得克萨斯州迪米特县。

南非开普敦上空鬃积雨云的云砧正在生长。

辨认出此时的云彩是积雨云。而如果没有下冰雹或打雷，我们则可以根据降雨情况来识别云彩种类：雨层云通常产生大范围、连续性降雨，而积雨云则通常产生急剧性阵雨或突降大雨。当然，如果我们正位于积雨云的正下方，就无法看到其顶部，也无法识别积雨云的具体种类（是秃积雨云还是鬃积雨云），除非我们打电话给在附近的人，让他们从侧面看这片云彩，在这种情况下，它通常被归为 C_L = 9。

这里介绍的积雨云是单体积雨云，存在时间较短，在被吹散之前或雨水来临前，它可能会持续 1 小时或更长时间。但是，如果许多单体积雨云融合在一起会形成多单体风暴或超级单体风暴，这些风暴可以持续几个小时，甚至几天。这些巨大的风暴涡度极大，每年袭击美国中西部 1 000 多次的龙卷风就是由它们产生的。

第二章 中云族

⇧ 透光高层云是由大量的暖空气上升而形成的，它是天空中一层暗淡且没什么特征的云。

透光高层云

CM1

符号 = ∠

说明：云体大部分呈半透明的高层云；隔着云体看太阳或月亮，如隔着一层毛玻璃，模糊不清。涉及的主要变种为透光高层云。

透光高层云是薄薄的一层没什么明显特征的云，呈灰蓝色，云彩铺开来后会遮盖大部分天空，这种天空状态就是我们平时所说的阴天。

透光高层云有 3 种形成方式：第一种是由薄纱般的卷层云（见 CH5）下降而形成；第二种是由积雨云的上部铺开而形成，但这种方式不太常见；第三种是在暖锋或锢囚锋来临前由大量上升的暖空气形成，这种方式会更常见。如果暖锋继续前进，则会进一步推动潮湿空气上升，透光高层云就会增厚，发展成蔽光高层云或雨层云（见 CM2），雨层云出现是即将下雨的征兆。

↗ 透过一层薄薄的透光高层云看到的日落，摄于英国伯克郡布拉克内尔。

当天空中布满薄薄的高层云时阳光会变得弥散而微弱，照射到地面的各种物体上很少会产生影子。刚刚升起或快要落山的太阳透过这样的云层会发出粉色或橙色的光，如上图拍摄于英国布拉克内尔的日落照片所示。透光高层云由大小均匀的水滴组成，所以当阳光照射到透光高层云时很容易出现华和虹彩云等光学现象（见第 116—117 页）。

⇧ 一片不规则的蔽光高层云增厚会成为能带来雨水的雨层云。

蔽光高层云或雨层云

CM2

符号 = ⟋⟋

说明：云体大部分较厚的高层云能遮蔽太阳或月亮，高层云增厚形成的雨层云最终会带来降水。涉及的主要变种或云属为蔽光高层云或雨层云。

↑ 英国伯克郡阴沉的天空。雨层云延伸到很远的地方，几乎没有光线能穿透这厚厚的云层。雨层云下方有一些快速移动的碎层云。

除园丁之外，大多数人最不喜欢的云彩就是雨层云。雨层云像一条厚厚的毯子铺在天空上，使天空看上去灰蒙蒙、阴沉沉的，并最终带来倾盆大雨。这种云彩似乎能存在一整天（如果雨层云在周末或举办大型运动会的时候出现则会让人很扫兴）。

一开始，天空中通常是高高的、薄薄的一层透光高层云（见 CM1），但因前进的暖锋带来不断上升的水蒸气而下降、增厚。随着云层的增厚，透光高层云有时会形成多个云层，我们若隔着云层看太阳或月亮，太阳或月亮就会变得模糊不清。这时透光高层云就变成了蔽光高层云（如第 039 页下部照片所示），微弱的阳光很难穿过这种厚厚的云彩。即使这种云层增长得非常厚，以致完全遮蔽太阳或月亮，这种云彩也不能被称为雨层云[1]，除非有雨从云层中落下来。

尽管雨层云有时被归入中云族，但它可以在不同的高度上出现，加上它没有任何云种或变种，所以它在十云属中是独一无二的。本页照片拍摄于英国伯克郡布拉克内尔。照片中的雨层云相对较高，其灰色云底距离地面约 2 750 米。

雨层云的云底高度通常远低于 2 000 米，有时低到仅高出地面几十米。在这种情况下，雨层云是几层几乎连续的雨云或雪云，或者是一层云，但会散射所有残余的光线，因而这些云彩看上去好像与湿漉漉的地面连成一片，让人感觉非常不适。

蔽光高层云和雨层云都是存在时间很长的云彩。随着时间的推移，它们下方的空气会变得高度饱和，于是主体云彩下方会形成零碎的破片云，如第 037 页照片展示的就是在几乎没光线的雨天拍摄的阴沉景象。在强降雨或降雪期间，破片云常常会消散，但当雨雪变小后，破片云常常会再次出现。

↑→ 灰暗、令人沉闷的雨层云可能是大家最不喜欢的云彩，它由蔽光高层云增厚而形成。

① “*nimbus*”：雨层云（nimbostratus）的词根，在拉丁语中的意思是雨云。

透光高积云和同一高度上的成层状高积云

CM3

符号＝◡◡

说明：云体大部分呈半透明的高积云的云块变化缓慢，且都在同一高度上。涉及的主要云种和变种为透光高积云和单层的成层状高积云。

← ↑ 成层状高积云可以是一块块球形的面卷状云块（本页上图）也可以是一片羊毛状的斑块云，如英国的苏格兰韦斯特罗斯的天空（本页下图）所示。

高积云属于中云族的云种之一，有时呈独立的圆形面包卷状，有时呈块状，有时呈片状且大范围铺开，有时则像悬浮的不明飞行物一样（见 C_M4，荚状高积云）。

高积云的形成方式有很多种，如高层云之类的层状云缓慢破碎（由温和的对流气流所导致）而形成，或者一团团潮湿的空气被温和的对流抬升、冷却而形成。与形成低云族积云的强大局部对流气流不同，产生高积云的对流气流在高层大气中会像水波一样轻微波动。随着对流气流的上升，水蒸气在波峰处凝结后会形成我们看到的独立云块，而对流气流下沉到波谷的地方，我们会看到云块间的间隙。

↑ 由高层云破碎而形成的成层状高积云在美国俄克拉何马州诺曼上空呈辐辏状铺开。

⊕ 成层状高积云排列成平行带状。

高积云通常由过冷水滴、冰晶或二者的混合物组成，所以容易引起各种光学现象。而具体引起哪种光学现象则取决于云彩的主要成分。

高积云的排列形式多种多样，占据了 27 种云天编码当中的 7 种，其中第一种排列是一片由半透明的小云块铺成的云层。尽管 C_M3 的高积云可能呈辐辏状、羊毛状或多孔状，但所有 C_M3 的云彩都是半透明的，我们可以清楚地看到，这些云彩都处于同一高度上，其中的单个云块变化得非常缓慢。

荚状高积云

CM4

符号 = 𝓁

说明：成块的高积云。云彩通常呈荚状（即透镜状或杏仁状），云体大部分是半透明的。这些云彩可能出现在一个或几个高度上，并且外观不断变化。涉及的主要云种为荚状高积云。

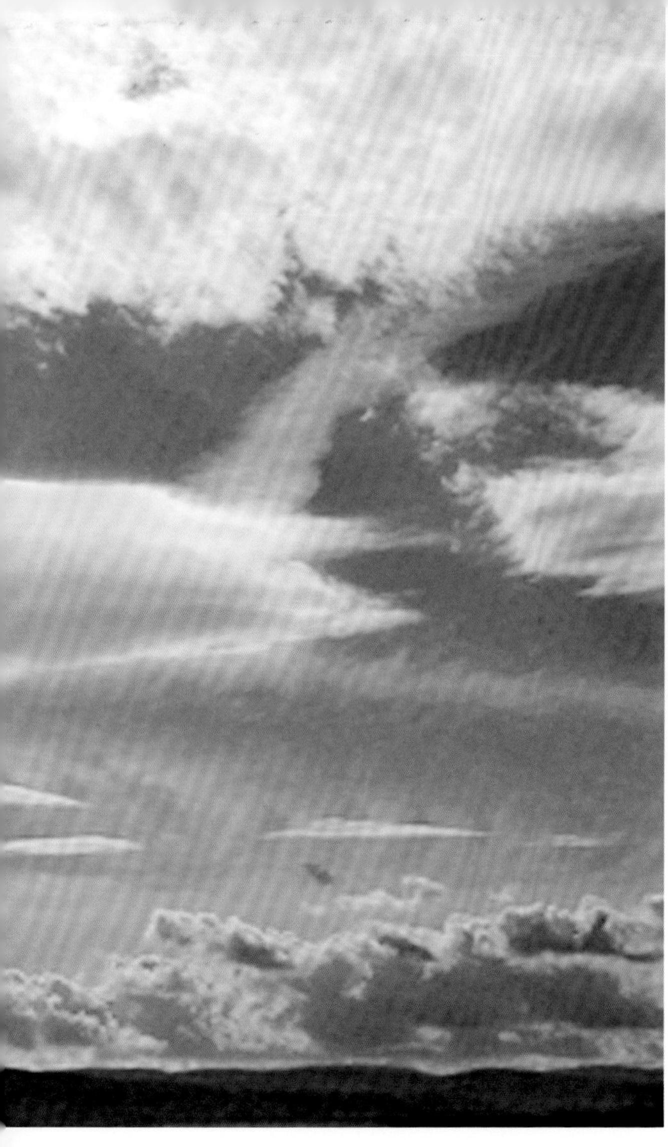

⊖⊕ 飞艇形状的荚状高积云位于英国坎布里亚郡雷斯贝克的上空。

流动的潮湿空气突然遇到山丘或山脉的斜坡时会被抬升，形成荚状高积云。风带着潮湿的空气轻轻翻越山脉时空气会冷却，但冷却得不均匀，从而导致在背风坡产生跳跃的空气波。荚状云就是在这些空气波的波峰中形成，并在波谷中消散。

荚状云的位置相对固定，看上去像一直悬停在一个固定的地方。这是因为气流经过空气波时，水蒸气会在空气波的一端凝结，在另一端蒸发。这种云可以在距离山脉非常远的地方出现，形成许多叠在一起、形状相

⊕ 不明飞行物形状的荚状云叠在一起形成了“一堆盘子”的形状，摄于英国的苏格兰艾莱岛。

同的荚状云。

由于气流的运动，这些美丽的荚状云经常以出人意料的方式出现和消散，有时呈不明飞行物状，如第 047 页下面拍摄于英国阿伯丁郡的云彩；有时很模糊，就像第 044—045 页拍摄于英国坎布里亚郡雷斯贝克的照片中的云彩；有时又会堆叠在一起，如本页拍摄于英国的苏格兰艾莱岛的照片中被称为“一堆盘子”的云彩 。

荚状云是一种局地现象，永远不会像其“近亲”成层状高积云（见 C_M5）那样逐渐出现于天空。这些优雅、富于变化的荚状云正是莎士比亚描写哈姆雷特王子戏弄朝臣普罗尼尔斯那段著名对话中所说的云彩。

哈姆雷特：你看到那边很像骆驼形状的云了吗?

普罗尼尔斯：说实在的，它的确像一头骆驼。

哈姆雷特: 我认为它像一只黄鼠狼。

普罗尼尔斯：它的背像黄鼠狼。

哈姆雷特：或者像一条鲸。

普罗尼尔斯：很像鲸。

（《哈姆雷特》第三幕第二场）

⇧ 当一层潮湿的空气遇到英国什罗普郡的丘陵，空气上升后就形成了一个心形的荚状高积云。

⇩ 不明飞行物形状的荚状云，滑翔机飞行员称其为“小荚荚”，摄于英国阿伯丁郡上空。

↑ 成层状高积云横跨天空，在柔和的湍流中形成涟漪。

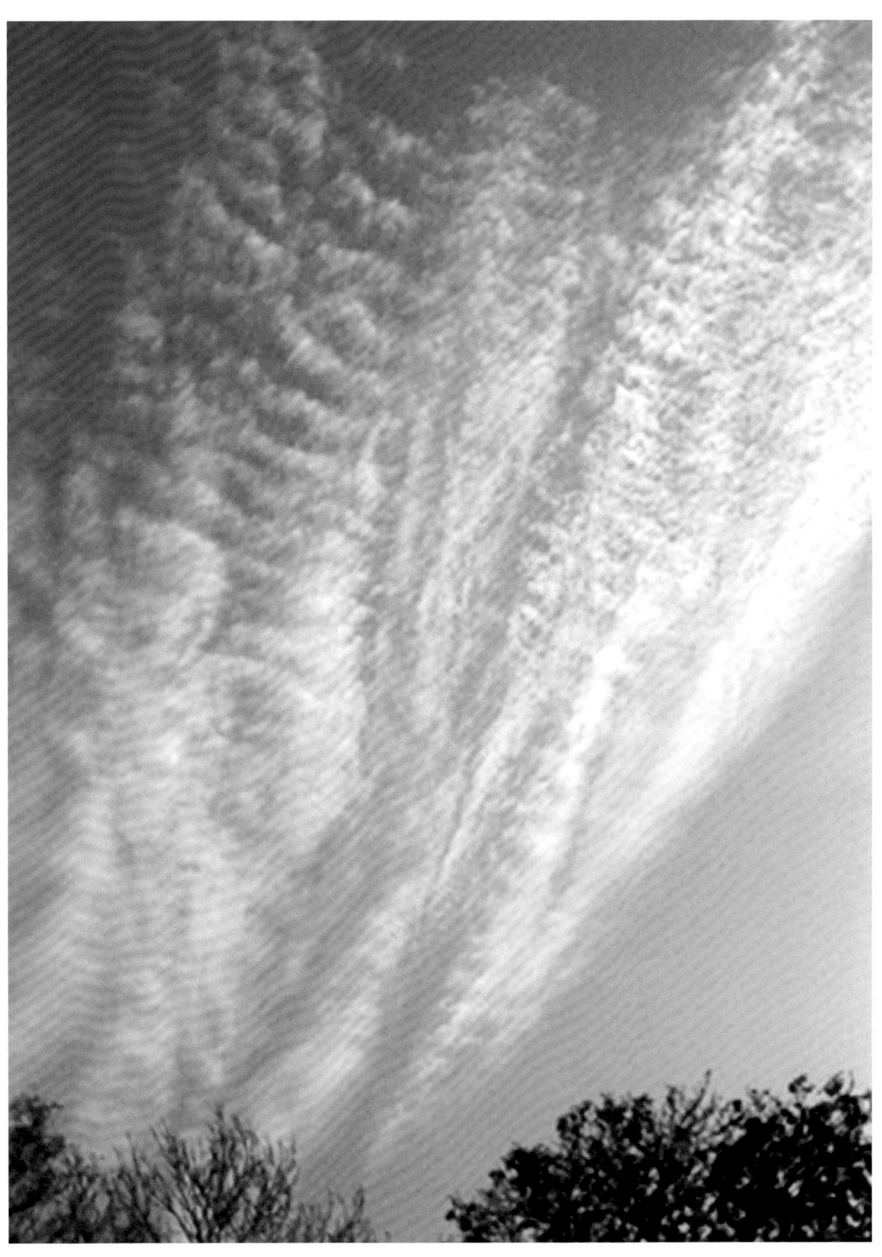

↑ 成层状高积云横跨天空，在柔和的湍流中形成涟漪。

成层状高积云

CM5

符号 =

说明：半透明的高积云。云彩呈带状，或有一层或连续几层，会逐渐侵入天空，并在侵入天空的过程中逐渐增厚。涉及的主要云种为成层状高积云。

虽然CM5中的成层状高积云外观与CM3中单层的成层状高积云外观相似，但它是云彩随着时间推移而种类发生变化的一个例证。虽然从照片来看，我们无法看出CM3与CM5之间的区别，但前者相对更稳定，且只出现在天空中的局部范围，而后者会逐渐侵入天空，并在越过我们头顶的过程中逐渐增厚，有时会从地平线一端蔓延到另一端，直至覆盖整个天空，如下面照片中的美丽夜景。

↑ 英国泰恩赛德傍晚的天空中布满了成层状高积云，这些云彩在向地平线另一端蔓延时明显增厚。

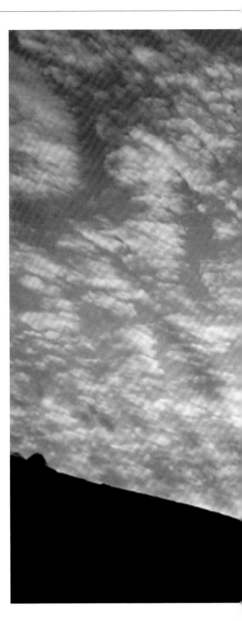

CM5 中的成层状高积云通常排列成平行的带状，在平缓的湍流作用下形成各种引人注目的形状。它们的前缘可能由逐渐增厚的小云块组成，如第 051 页照片中正在飘过英国格温特郡埃布韦尔上空的高积云。

CM5 中的成层状高积云的云层之所以会增厚，通常不是因为云块本身的体量变大所致，而是因为其内部的水滴增多，从而产生了“光学厚度”，这种厚度有时足以完全遮住太阳或月亮。

CM5 中的成层状高积云很值得我们关注，因为这种云彩的一部分容易增厚并下降，从而转变为蔽光高层云，甚至雨层云，这时的云天编码可能变为 CM7，还有一种可能是转变成能带来降水的雨层云（CM2）。CM5 的成层状高积云转变成何种云彩取决于接下来会发生什么。

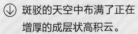

斑驳的天空中布满了正在增厚的成层状高积云。

⬆ 成层状高积云带的前缘正飘过英国格温特郡埃布韦尔上空。云块在天空蔓延的过程中逐渐增厚。

↑ 积云性高积云横向蔓延，呈砧状。这是向上生长的云彩在遇到高层大气的逆温层时受阻形成的。

积云性高积云

CM6

符号 = ⋎

说明：由积云或积雨云铺展开后形成的高积云。涉及的主要衍生云为积云性高积云。

积状云遇到逆温层会停止向上生长，朝水平方向铺开，形成积云性高积云。与积云性层积云（CL4）一样，积云性高积云也是一种衍生云。在下图中我们可以看到积云性高积云形成过程的早期阶段：浓积云的顶部蔓延开，形成斑块状的云块。如果继续蔓延，斑块状的云块将逐渐增厚并连在一起，形成巨大的楔形云。虽然积云性高积云有时看上去像云砧，但它不会像 CL9（见第 030 页）顶部真正的云砧那样呈细鬃状或有冰晶般的光泽。

有时候，浓积云的蔓延只是暂时的，很快便会恢复向上生长，因此，之前形成的积云性高积云便出现在更高的积云一侧。

积云性高积云也可能是由积雨云残留的部分形成的，可以更准确地说，这种形态的云彩名称是积雨云性高积云，不过其编码仍然是 CM6。

Ⓥ处于早期形成阶段的积云性高积云。斑块状的云块正在浓积云顶部蔓延开。

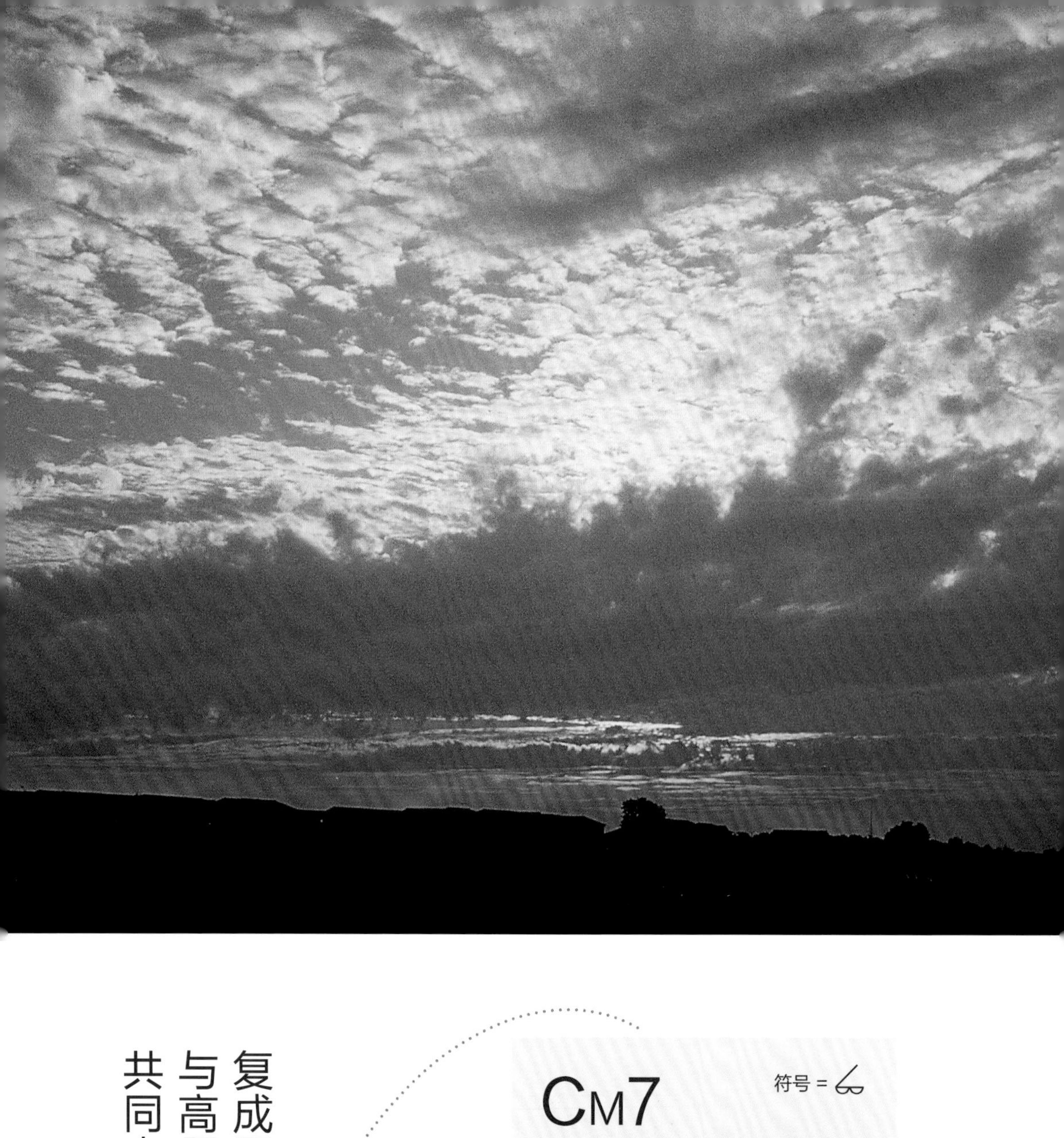

复成层状高积云或与高层云或雨层云共同出现的高积云

CM7

符号 = ⏝

说明：不会逐渐侵入天空的两层或多层透光高积云、成层状高积云或蔽光高积云；或者不会逐渐侵入天空的单层蔽光高积云或成层状高积云；或者与高层云或雨层云共同出现的高积云。涉及的主要云种和变种为成层状高积云、透光高积云和蔽光高积云。

← 不只有一层的复成层状高积云，上方云层被照亮，与下方 1 200 米处的黑云形成对比，这让傍晚的天空看起来丰富多彩。

CM7 用于描述 3 种密切相关的天空类型：

第一种是出现一层或多层成层状高积云的天空。例如，第 054 页照片中英国伯克郡布拉克内尔令人印象深刻的傍晚天空，天空中有两层成层状高积云（CM5），一层在 2 400 米高的天空，另一层在 3 600 米高的天空。即使这种云彩的每层云都弥散着，也很薄，但组合在一起也完全可以遮住太阳或月亮。此外，这些云彩既不会不断地变化，也不会逐渐侵入天空，所以它们会持续相当长的时间，直到日落。英国诗人杰勒德 · 曼利 · 霍普金斯曾在 1874 年 7 月 23 日的日记中描述过这种天空：“今天真是美好的一天。云层下面布满了珍珠云，仿佛每一排云都用灰色线标记了似的。”

→ 英国伯克郡斯温利森林上空飘着厚厚的斑块状成层状高积云。

第二种是出现一层云体较厚的高积云的天空。例如，第 055 页右下照片中的云彩是一个很好的示例。这种高积云经常呈现为斑块状，出现在天空中的局部区域，且不会逐渐伸向天空。云块很小，看上去像絮状卷积云（CH9），但云块通常有立体阴影。如果想确定具体的云彩类别，你可以采用这种方法：向着天空伸直手臂，用手指测量单个云块的宽度。高积云的宽度通常相当于两三根并在一起的手指宽度，而卷积云的宽度通常只有一指宽。

第三种是高积云与高层云或雨层云共同出现的天空。例如，第 056 页和第 057 页照片中的天空，这种类型的天空是由云彩的局部转变形成的，高积云的一部分变成了高层云。这些共同出现的云彩有两层或更多层，每层都显示出两个云种的某些特征，如第 057 页摄于英国的苏格兰高地马莱格斯凯岛照片中，层状云轻轻越过了积状云。这种情况我们还可以在第 056 页左下照片的中心区域看到。

← 与高层云共同出现的高积云。摄于英国伯克郡布拉克内尔。

↑ 与高层云共同出现的高积云。这两种云彩处于不同的云层，且云底高度在 3 000—4 500 米之间。摄于英国的苏格兰高地马莱格斯凯岛。

⇧ 出现在晚间的絮状高积云往往预示着次日清晨的天气会很潮湿或有暴风雨。

堡状高积云和絮状高积云

CM8

符号 = ⋈

说明：云彩顶部形成塔状或堡状的高积云，或具有积状团絮外形的高积云。涉及的主要云种为堡状高积云和絮状高积云。

构成堡状高积云的云块有共同的云底，有时排列成行，如第 061 页下图所示，傍晚天空中的堡状高积云在风的作用下排列得很整齐。堡状高积云的顶部凸起是判断大气是否稳定的明显标志，顶部凸起呈小塔状或城垛外形，说明大气不稳定；顶部凸起越大，则说明大气的不稳定性越强。如果天空中出现这样的云彩，就表明未来 24 小时内将有雷暴。

堡状高积云继续发展会下降、合并，形成较大的积云（CL2），如本页下图是这种形成过程的早期阶段现象。堡状高积云有时也会形成积雨云（CL3 或 CL9）。

ⓥ 堡状高积云下降、合并，形成更大的积状云，摄于法国北部梅森特。

絮状高积云有时是由堡状高积云的底部消散而形成的。它是白色或灰色的，看起来像一簇簇散开的棉絮。絮状高积云的顶部呈圆形，且略微突起，像边缘破碎的小块积云。它的云底通常有丝缕状的拖尾——幡状云[1]。

①幡状云：雨或雪在到达地面前蒸发后而形成的云，见第 099 页。

⇧ 带有幡状云的絮状高积云。

与其“近亲”堡状高积云一样，絮状高积云也与潮湿、不稳定的大气有关，可能会带来大范围的雷暴（与积雨云迅速发展形成的局地雷暴相反）。如果晚上出现絮状高积云，这往往预示着第二天早上的天气很潮湿或有暴风雨。尤其当太阳升起时，对流运动加剧，朝气蓬勃的积云与潮湿的高积云结合在一起就更容易带来暴风雨。

排列有序的、小堡状高积云穿过英国伯克郡傍晚的天空。

混乱天空的高积云

CM9

符号 =

说明：混乱天空的高积云的云底通常处于不同高度。涉及的主要云种为各种高积云。

本页及对页图：英国伯克郡布拉克内尔上空的高积云。

→ 对页下图中多种云彩混在了一起；对页上图中甚至有高积云的炮塔状凸起。

↓ 本页照片中有几种处于不同高度的云彩。

混乱天空的高积云通常处于不同的高度，其特点是云层很厚。处于中云族过渡阶段的几种云层散乱地分布着，既有低些的厚高积云，也有高些的薄高层云。当天空中出现这样的景象时，天气预报也无法预测天气将会怎样变化。如果看见这种景象，建议出门的人携带雨伞。

第三章

高云族

钩卷云和毛卷云

CH1

符号 = ⌣

说明：呈丝缕状、带状或钩状，且不会逐渐侵入天空的卷云。涉及的主要云种为钩卷云和毛卷云。

↖ ↑ 卷云由轻轻飘落的冰晶组成，其卷曲的细丝在天空中呈现出各种形态。

CH1 这种高高的、纤细的白色卷云在天空中呈直线状或弯曲的细丝状，正如卢克·霍华德在 1803 年所描述的：“像用铅笔在天空中画的线似的。”与其他卷云一样，CH1 的卷云由轻轻飘落的冰晶组成，云底高度在 6 000 米以上。它们有时是由高云族中卷积云附属的幡状云（见第 099 页）形成，但通常是这样形成的：如果相对干燥的空气上升到对流层上部，温度到达 0℃以下的露点时，少量的水蒸气会凝华[1]为冰晶，这些冰晶就形成了卷云。

①凝华：物质直接从气态转为固态的现象。

⇧ 海员的“刮风警报”——钩卷云的尾部被风拉成长长的细丝。细丝被拉得越长，说明风力越强。

小小的、高高的卷云通常在蔚蓝的天空中独自出现。如果空气湿润，天空中较低的高度上会形成其他云彩。如果卷云出现在蔚蓝的天空中，且没有开始蔓延，如第 068—069 页两张照片所示，那么晴朗的天气可能会持续一段时间。如果卷云开始大面积侵入天空，且云体开始增厚或水平铺展开，这意味着暖锋正推动潮湿的空气前进，会导致天气变坏。长期以来，海员们将卷云视为“刮风警报”，如果逗号状的卷云在生长，则意味着会刮风，在上

图中，可以看到从马尾云（钩卷云另一个更常用的名称）中落下的冰晶被风吹成长长的细丝状。有这样一句关于马尾云的气象谚语："鱼鳞天，马尾云，大船降帆莫航行。"

毛卷云在风的作用下通常会排列成平行的带状（如本页照片所示），云彩似乎正朝地平线汇聚。虽然卷状云排列得很紧密，但与大多数低云族和中云族的云彩相比，仍然显得很细小且弥散着，这是因为卷云中的冰晶浓度远低于水云中水滴的浓度。

↑毛卷云被高空中的风吹成带状。摄于英国多塞特郡查茅斯。

↑ 高云族的堡状卷云云底拖着幡状云。

羊毛般的絮状卷云。摄于英国伯克郡布拉克内尔。

密卷云、堡状卷云和絮状卷云

CH2

符号 =

说明：成块或成团且云量通常不再增加的厚密的卷云（密卷云），或者呈小炮塔状、堡状（堡状卷云）或絮状结构（絮状卷云）的卷云。涉及的主要云种为密卷云、堡状卷云和絮状卷云。

密卷云是一种又厚又密的卷云，通常占据大部分天空。这种厚厚的、富于变化的卷云经常出现在正在逼近的暖锋前锋中。当潮湿的空气遇到较冷的浅楔形气团时会被抬升，在高层大气中形成高云族的云。这通常意味着在未来的 48 小时内将会出现潮湿的天气或暴风雨天气。

堡状卷云和絮状卷云是带有炮塔状凸起或者呈絮状结构的云彩，它们也被编码为 CH2。这种云彩的云体下方通常带丝缕状的拖尾（如第 072—073 页照片中的云彩所示），好像云彩下面挂着长长的风筝尾巴，你可以将其看作是卷云的显著特征。当下落的冰晶遇到正在匀速前进的冷空气时，冰晶会在天空中铺开，有时候能够延伸到很远的地方，形成卷云的拖尾。

尽管卷云中的这些冰晶一直都在缓慢下落，由此形成的附属特征是降水线迹（见第 100 页），但实

际上它们很少产生任何形式能够到达地面的降水。卷云常常带着附属的幡状云（见第 099 页），但这些幡状云在落到地面前，就被低空的暖空气给蒸发掉了。

飞机的凝结尾迹扩散后也能形成卷云（见第 108 页）。飞机的凝结尾迹吸收空气中的水分后会生长，这样形成的卷云有时会持续数小时，看上去很自然，以至于我们很难将其与天然形成的卷云区分开。

ⓀⓉ 在英国康沃尔郡达沃伦拍摄的这两张照片中，密卷云的云量逐渐增多，并占据大部分天空。

↑ 格林纳达大安瑟海滩上空的积雨云性密卷云。

积雨云性密卷云（伪卷云）

Ch3　符号 =

说明：厚密的卷云通常呈砧状，是积雨云上部残余的部分。涉及的主要衍生云为积雨云性密卷云（伪卷云）。

这种卷云由正在消散或下过雨的鬃积雨云（CL9）残留的云砧（另见砧状云，第 097 页）形成。积雨云的云砧本质上是顶部湍急的鬃状部分形成的巨大顶篷，有时会被高层大气中高速的风从积雨云上带走，正如本页下面照片所示，孤立的云砧飘荡在英国伯克郡雷丁镇上空。通常情况下，这种方式形成的 CH3 卷云的边缘会被吹散，但云体仍然很厚，呈灰色，可以遮挡太阳。它与钩卷云（CH1）或堡状卷云（CH2）精美的白色云体形成鲜明对比。

其他卷状云也可能与 CH3 卷云同时出现，因此我们有时很难确定所看到的云彩是积雨云性密卷云（积雨云衍生出的密卷云），还是生机勃勃的天然密卷云（CH2）。在这种不确定的情况下（如对页照片所示），特别是如果你没有目睹鬃积雨云的云砧转化为积雨云性密卷云的过程，那么简单地将其归为密卷云（CH2）也是完全可以的。

积雨云性密卷云是下过雨的积雨云残留的云砧，它是一种衍生云。

↑ 这些特别的马尾云侵入了康沃尔郡帕兹托的天空，这是预示未来天气变化的明确标志。

逐渐侵入天空的钩卷云和毛卷云

CH4

符号 = ⁄

说明：呈钩状（钩卷云）或者丝缕状（毛卷云）的卷云（见 CH1 中的云彩）会逐渐侵入天空并增厚。涉及的主要云种为钩卷云和毛卷云。

⑴ 浓厚的密卷云布满了傍晚的天空，预示着次日清晨会有一轮坏天气。

虽然 CH4 与 CH1 涉及的主要云种是相同的，但 CH4 的卷云多了一个附加特征：逐渐侵入天空。这种卷云之所以会逐渐侵入天空是因为其受到暖锋的影响。暖锋临近时，暖湿的空气处于楔形的冷空气区域上方，在距离地面 6 000 米的高空中形成由冰晶组成的卷云。

如果卷云增厚且云量增加，甚至扩散到整个天空，这表明低气压正在推进。低气压区与上升的空气相互作用，往往会导致恶劣天气。

CH4 的卷云经常在它们最初出现的方位融合在一起，如第 079 页下部拍摄于英国格温特郡庞蒂浦的照片所示，毛卷云在天空中铺开，它们也可以排列成巨大的涟漪状平行线，如第 079 页上部拍摄于英国怀特岛弗雷什沃特的照片所示，毛卷云出现于天空，呈现出令人惊奇的画面。与冰晶有关的光学现象，如晕、幻日、日柱和环天顶弧（见第 112—115 页），偶尔会出现在 CH4 这种引人注目的天空中，这些光学现象也是预示未来天气即将变坏的迹象。CH4 的卷云通常会随着时间的推移而逐渐变薄，形成均匀如薄纱般的卷层云（见 CH5）。

← 毛卷云有时会排列成平行带状，如摄于英国怀特岛弗雷什沃特的照片所示。

→ 恶劣天气已在酝酿：在低气压即将到来之前，毛卷云侵入天空，摄于英国格温特郡庞蒂浦。

卷层云
（低于 45°）

CH5

符号 = ◡̲

说明：伴有带状卷云的卷层云，或单独存在的卷层云。云彩会逐渐侵入天空，并在侵入天空的过程中变得越来越厚，但是连续的薄云层未延伸到地平线以上45° 的天空。涉及的主要云种为各种卷云和卷层云。

⊖ ⊕ 当这些卷层云出现于天空且低于 45° 时，我们可以清楚地看到它们的带状前缘。

卷层云是对流层空气缓慢上升后形成的高云族冰晶云。卷层云经常由卷云演变而来。就像卷云一样，卷层云是由水蒸气凝华而成的冰晶组成的，通常位于前进锋面的前面，云底距离地面 6 000 米以上。

卷层云的变化是值得关注的，因为其动向通常预示着未来天气的变化。如果卷层云是由增厚且蔓延后连在一起的卷云（CH4）所形成，那么在未来的 48 小时内可能出现潮湿天气。如果卷层云如薄纱般的云层中开始出现了间隙，卷层云会慢慢变为卷积云（CH9），在这种情况下，天气可能会持续干燥一天左右，但你还需要密切关注卷积云的后续发展。

CH5 和 CH6 的卷层云也可能被卷云所环绕，以致在刚开始识别时比较困难，但它们通常有清晰的边缘，这一点我们可以从这些照片中看出来。

在 CH5 的天空中，带状或簇状的增厚卷云通常会出现在卷层云前面，但云体的主要部分始终是一层薄薄的向前推进的卷层云，它们从地平线向天空逐渐推进，但不会延伸到地平线以上 45° 的天空。

卷层云（高于 45°）

CH6

符号 = 2

说明：伴有带状卷云的卷层云，或单独存在的卷层云。云彩会逐渐侵入天空，并在此过程中变得越来越厚。连续的如薄纱般的云层可延伸到地平线 45° 以上的天空，但不会覆盖整个天空。涉及的主要云种为各种卷云和卷层云。

↑ 铺开的带状卷层云逐渐伸向天空，其周围会出现卷云。

← 卷层云侵入天空并高于地平线 45°，其前缘不再像 CH5 云彩那样清晰。

如果 CH5 的卷层云进一步发展，则会高于地平线 45° 以上的天空，但还没有覆盖整个天空，这时的云天编码为 CH6。对于进行日常的云彩观测者来说，CH5 和 CH6 之间的区别有点过于学术性了。CH6 的云彩随着自身的前进而变化，并在前进的过程中增厚，纤维结构更清晰，前缘变得不太清晰（如本页和对页照片所示）。与 CH5 的天空一样，CH6 的卷层云附近通常也会出现卷云（如对页照片所示）。

透过一层薄薄的薄幕卷层云可以清楚地看到斑驳的阳光。

覆盖整个天空的薄幕卷层云或毛卷层云

CH7 符号 =

说明：覆盖整个天空的如薄纱般的卷层云。涉及的主要云种为薄幕卷层云和毛卷层云。

一层浓厚的毛卷层云覆盖了傍晚的大部分天空。

如果 CH6 类型的卷层云在天空中继续蔓延，就会发展为天空完全被卷层云覆盖的情况，这时的云天编码变成了 CH7。这层如薄纱般的云彩有时很厚，呈纤维状（毛卷层云，如本页照片所示）；有时很薄，完全不会引起注意，对阳光几乎没有影响（如对页照片中的薄幕卷层云，阳光从斑驳的云雾中柔和地散射出来）。阳光透过卷层云仍会投射出影子，这与中云族的高层云（见 CM1，第 034 页）不同。有时，薄薄的卷层云呈乳白色，模糊不清，以至于我们判断它们存在的唯一线索是在太阳或月亮周围看到一个晕，这是云层中的六角形冰晶折射阳光所形成的光学现象（详细介绍见第 112 页“晕”的描述）。

然而，这种卷层云在暖锋到来时容易增厚、下降，并逐渐转变为高层云——雨层云（CH2）的前身。这复杂的、长达一天的云彩循环[1]在雨层云形成时到达潮湿极点，而这一循环的开端通常是天空中出现了钩卷云（CH1）的“马尾”。

①云彩循环：指云彩的变化过程：钩卷云→卷层云→高层云→雨层云。

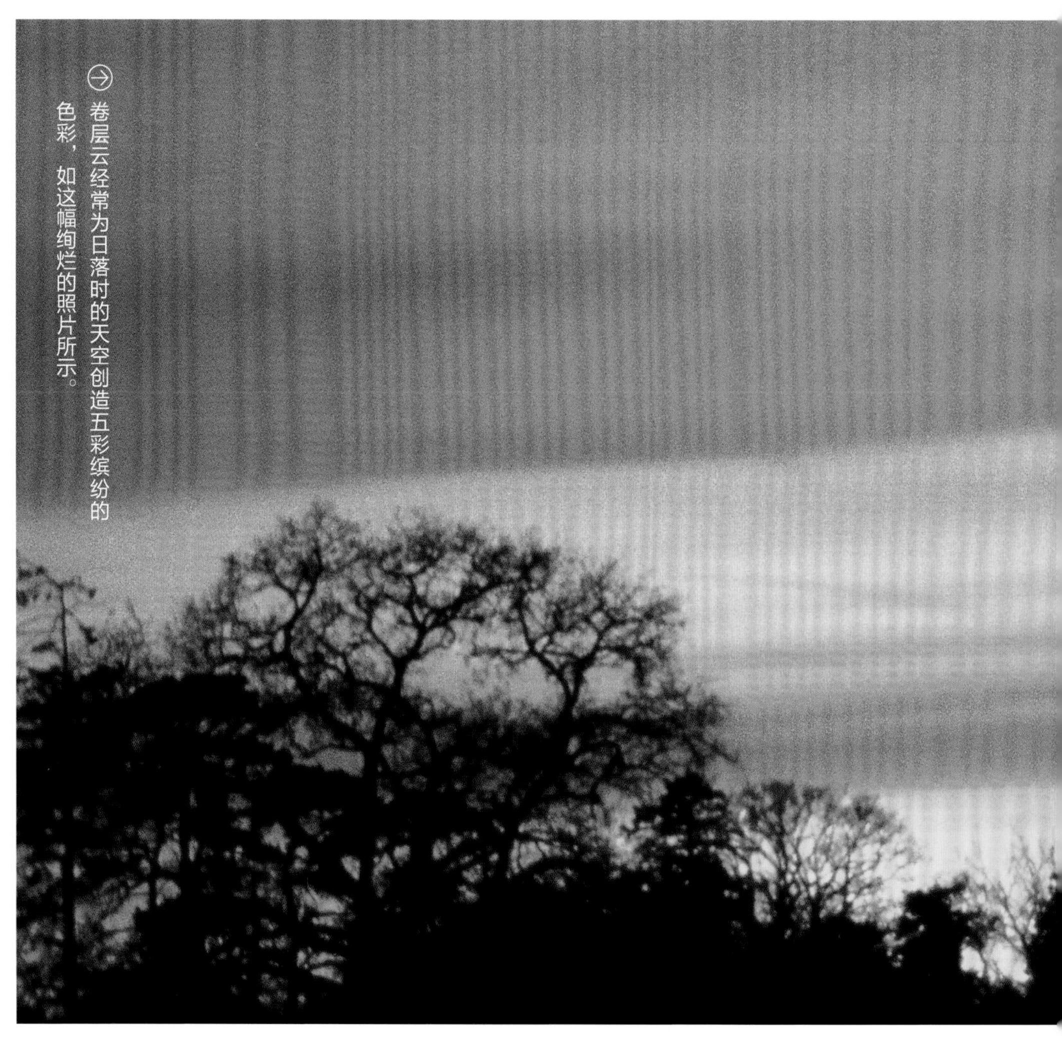

卷层云经常为日落时的天空创造五彩缤纷的色彩，如这幅绚烂的照片所示。

不会逐渐侵入整个天空的卷层云

CH8

符号 =

说明：一层如薄纱般的卷层云既不会覆盖整个天空，也不会逐渐侵入天空。涉及的主要云种为各种卷层云。

CH8 类型的天空中有一层薄薄的卷层云，这层云不会侵入天空，也不会覆盖整个天空。与侵入天空的 CH5—CH7 的卷层云不同，CH8 的卷层云像毛卷层云的碎块（如本页下面两张照片所示），这种卷层云的边缘清晰或外观不规则，也可能同时伴有卷云或卷积云，但卷层云占据大部分天空。

这两张照片展示的是零散的卷层云，它们既不会侵入天空，也不会完全覆盖整个天空。

→ 强劲的向上对流使这些絮状卷积云的云团呈现出羊毛般的外观。

成层状卷积云、絮状卷积云和荚状卷积云

CH9

符号 =

说明：仅为卷积云，或以卷积云为主，但伴有卷云或卷层云，或伴有卷云和卷层云。涉及的主要云种为成层状卷积云、絮状卷积云和荚状卷积云。

⊕ 荚状卷积云，摄于英国格洛斯特郡佩恩斯威克。

卷积云是一种相对罕见的云种，由冰晶和过冷水滴①组成，通常呈现为波纹状或颗粒状白色斑块云，或者横跨天空的颜色浅淡的、大片的云彩。它们在高空中形成，距地面5 000—14 000 米。当湍流上升气流遇到高空的卷云或卷层云时会把一些冰晶转化为过冷水滴，并把云层切割开以形成圆圆的卷积云云块。卢克 · 霍华德在 1803 年的论文中记录了他对这一过程的详细观察："卷积云由卷云形成，也可以说是由许多独立的小块卷云形成的。丝缕状的卷云分散成小圆团，而在这些小圆团中我们看不出卷云的结构了，尽管它们在某种程度上保持着与原来相同的排列。"在第 091 页上部照片中，北威尔士利恩半岛上方的天空中我们看到了一片如鱼骨形的成层状卷积云还残留着卷云的特征。

当形成卷积云小云块的对流更强、变得更不稳定时会形成絮状卷积云。注意：尽管絮状卷积云源于卷云，但新形成的云彩呈积云状结构。而在丘陵地区，地形波通过潮湿、稳定的空气层时会产生罕见的荚状卷积云（如本页上部图片所示），不要将其与更常见的中云族荚状高积云（CM4）相混淆。

①过冷水滴：指负温下未冻结的液态水滴。

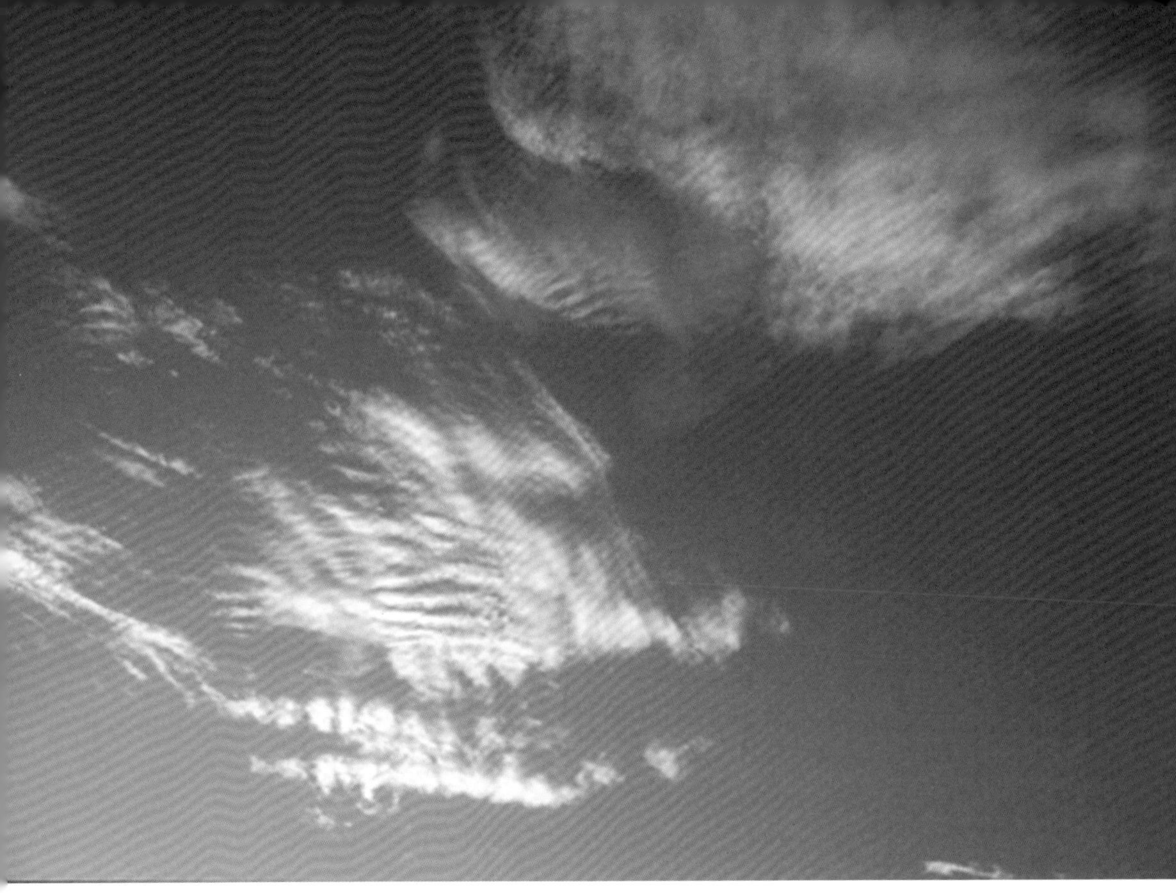

⑥ ⑦ 小块如鱼骨形的成层状卷积云由冰晶和过冷水滴组成。

形成絮状卷积云的大气条件通常不稳定，所以这种云彩存在的时间往往很短。它要么变薄、铺开，形成如薄纱般的卷层云；要么与其他卷积云云块连接在一起覆盖大片的天空（如第 091 页下部照片所示）。有时候，我们很难将个头偏大的卷积云与其中云族的“近亲”高积云区分开。卷积云的云块通常看起来比高积云（CM5）的小得多，因为卷积云离我们更远,而且它们不像高积云的云块那么厚，所以卷积云云块的轮廓不会有阴影。如果你无法确定看到的是个头偏大的卷积云还是高积云，简单的确认方法就是向天空伸直手臂，张开五指，将单个云块的宽度与手指宽度进行比较，卷积云的云块很少超过一指宽，而高积云的云块往往相当于两指或三指的宽度。

大范围铺开的、波纹状的成层状卷积云的云块像鱼鳞，所以出现这种云彩的天空也被称为“鲭鱼天”。长期以来，“鲭鱼天”一直被认为是恶劣天气即将到来的征兆，尤其对海员来说。这表明寒冷的高空中有大量的水分，低气压正在推进，

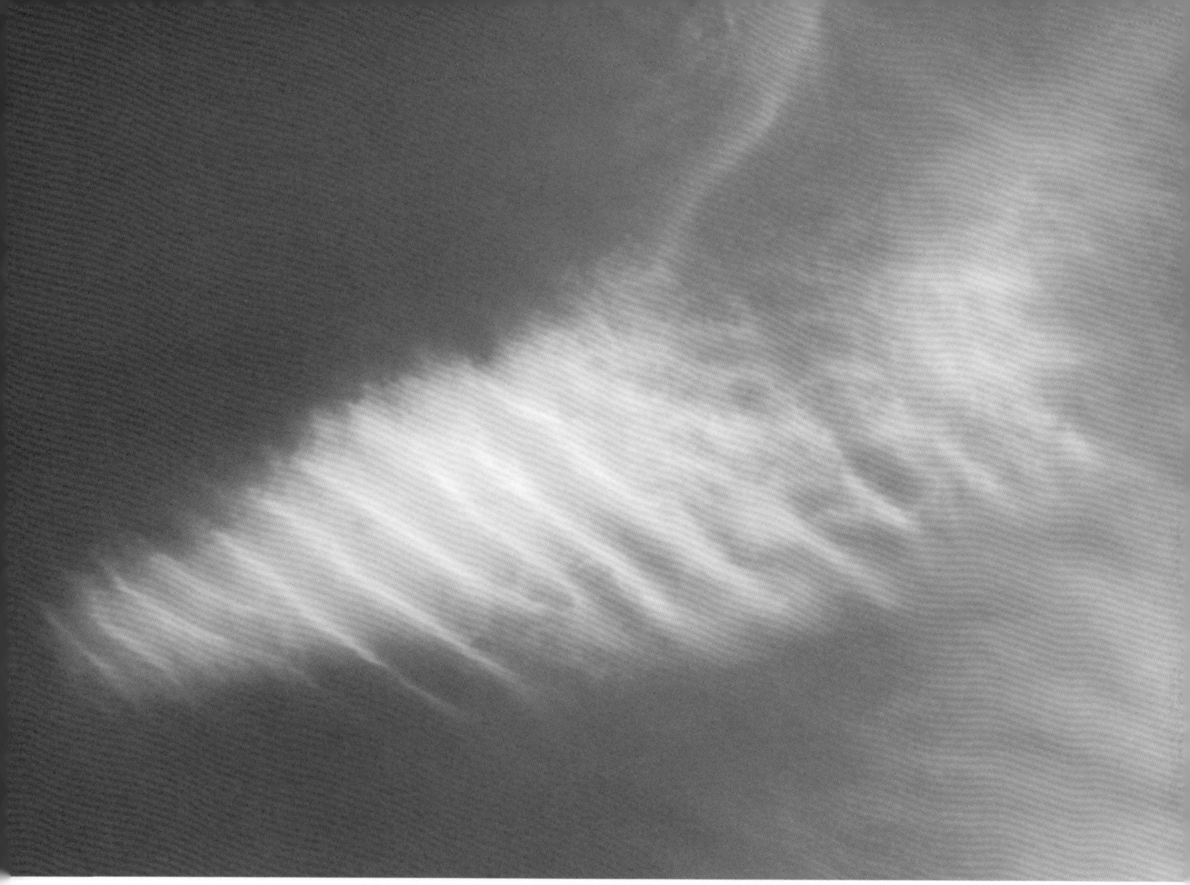

而破碎的云体也表明此时的大气非常动荡。

加文·普雷特-平尼（世界赏云协会创始人）在撰写《云彩收集者手册》（2006）时，特意在早晨去了一趟伦敦东部的海鲜市场，为的是确定与“鲭鱼天”最相似的鲭鱼种类。据他称，最相似的是一种洄游的鲭鱼，其皮肤上的图案恰好与暴风雨来临前通常在高空中出现的成层状卷积云的形状一样，都有银白色波纹带。

Ⓥ 英国诺森伯兰郡泰恩河谷上空，成层状卷积云覆盖大部分天空。注意：飞机穿过云层时产生的耗散尾迹（与凝结尾迹相反）将云彩切分开了。

第四章 其他的云与大气现象

ⓘ 伴有幞状云的浓积云。潮湿的空气因受冷形成的“帽子”平躺在云顶上。

附属云

幞状云

幞状云的名称来源于拉丁语，意思是帽子。它是一种附属云，有时出现在浓积云（CL2）或秃积雨云（CL3）上方。潮湿的空气越过云彩顶峰时因受冷而迅速凝结成一层冰雾，形成幞状云。

幞状云通常存在的时间短暂，其下方的主体云通过对流上升会将其吸收。注意：不要把幞状云和砧状云（云砧）弄混。砧状云在鬃积雨云（CL9）上方，由冰晶形成，有更明显的毛状和细鬃状结构。

碎层云的碎片——破片云盘旋在英国格温特郡布林莫尔的上空。

破片云的名称来源于拉丁语，意思是布或抹布。它是一种暗黑色的、碎片状的附属云，属于碎层云（CL7）或碎积云（CL1），通常出现在高层云、雨层云、积云和积雨云等其他云彩的下方。破片云曾被称为“飞毛腿云”或“信使云”，海员和农民尤其喜欢这么称呼这种云彩，因为这种云所带来的信息是要下雨了。

破片云通常附着在其他降水云层上，但有时也可以单独形成一层，遮蔽其上方的主体云，如这张拍摄于英国格温特郡布林莫尔雨天照片所示，黑黑的破片云在一层白色的高层云下方盘旋。

缟状云的名称来源于拉丁语，意思是帆或遮阳篷。它是一种薄薄的、铺展范围较大的、持续时间较长的低云，浓积云（C_L2）或积雨云的顶峰经常会穿过它。与由冰晶形成的、持续时间较短的幞状云（见第 094 页）形成鲜明对比的是，缟状云在被积状云内的对流气流抬升起来的、平稳潮湿的空气层中形成，即使积状云已经扩散并消失，但缟状云依然能够存在。

↑ 鬃积雨云穿过一层平稳的低云，被穿过的这层云就是缟状云。

缟状云

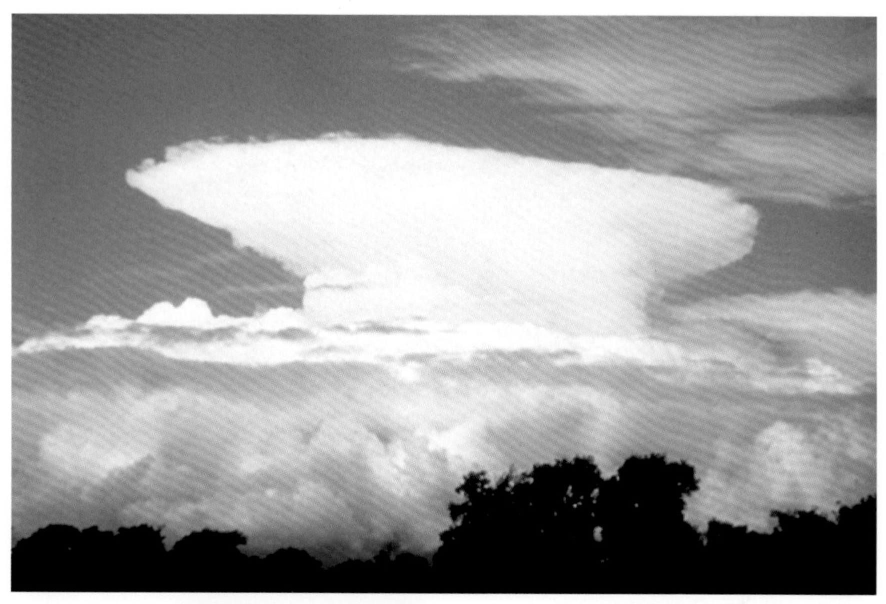

↑ 鬃积雨云平坦的云砧（由冰晶组成）在瑞典南部的莫萨斯镇上空升起。

附属特征

砧状云

砧状云的名称来源于拉丁语，意思是铁砧。它是由冰晶组成的，是巨大的鬃积雨云（CL9）的顶部以砧状铺开，像一个顶篷。它可以在主体云上方生长到极高的高度，直到遇到对流层顶①时再横向铺开，形成独特的平坦云砧（如本页照片所示）。

砧状云看起来表面光滑，从远处看尤其明显，但它通常由数十亿粒的冰晶组成，这些冰晶由于强烈的向上对流的推力而悬浮在空中，所以砧状云会有纤维状和条纹状的特征。

砧状云有时会与其主体云——积雨云分离，出现在距离主体云前方数千米的地方，甚至可以在没有主体云的情况下产生云地闪电。如果砧状云的主体云消散了或者因为下雨而不复存在，只留下了顶部的云砧，那么这样形成的云彩被称为积雨云性密卷云（见 CH3，第 074 页）。

①对流层顶：对流层与平流层之间的过渡层。

⇦ 起伏的悬球状云在鬃积雨云下方形成。摄于英国牛津郡布莱兹·诺顿皇家空军基地。

悬球状云又称为乳状云，其形状和奶牛的乳房形状相似。它可以在层积云或积雨云的下方形成，但经常在积雨云的云砧下方形成。

悬球状云由强大的下曳气流形成：寒冷、潮湿的气阱从云彩的上方迅速沉到底部，这种云彩的形成模式与通常的云彩形成模式——温暖、潮湿的空气向上对流，形成云彩——相反。悬球状云的形状和构成多种多样，从近似球形的袋状到管状、波纹状或者排成细胞状队形的起起伏伏的小球体。

这张引人入胜的照片拍摄于英国牛津郡布莱兹·诺顿皇家空军基地，它展示了在巨大的鬃积雨云（见 CL9，第 028 页）下方形成的巨大悬球状云。

附属特征

悬球状云

㊀ 絮状高积云下悬挂的幡状云卷须。这种落幡通常会在到达地面之前就完全蒸发了。

附属特征

幡状云（落幡）

幡状云的名称来源于拉丁语，意思是杆。它们由云中的降水（雨、雪或冰）在未到达地面前就已全部蒸发而形成。这些降水未能到达地面通常是因为它们经过了一层更温暖或更干燥的空气，但有时大气条件会发生改变，幡状云将被属于同一片云的真正降水所取代（见降水线迹，第 100 页）。

幡状云的外观通常呈小束状或钩状，大多与高云族或中云族的云相伴，如本页照片所示，絮状高积云（CM8）下挂着幡状云卷须。

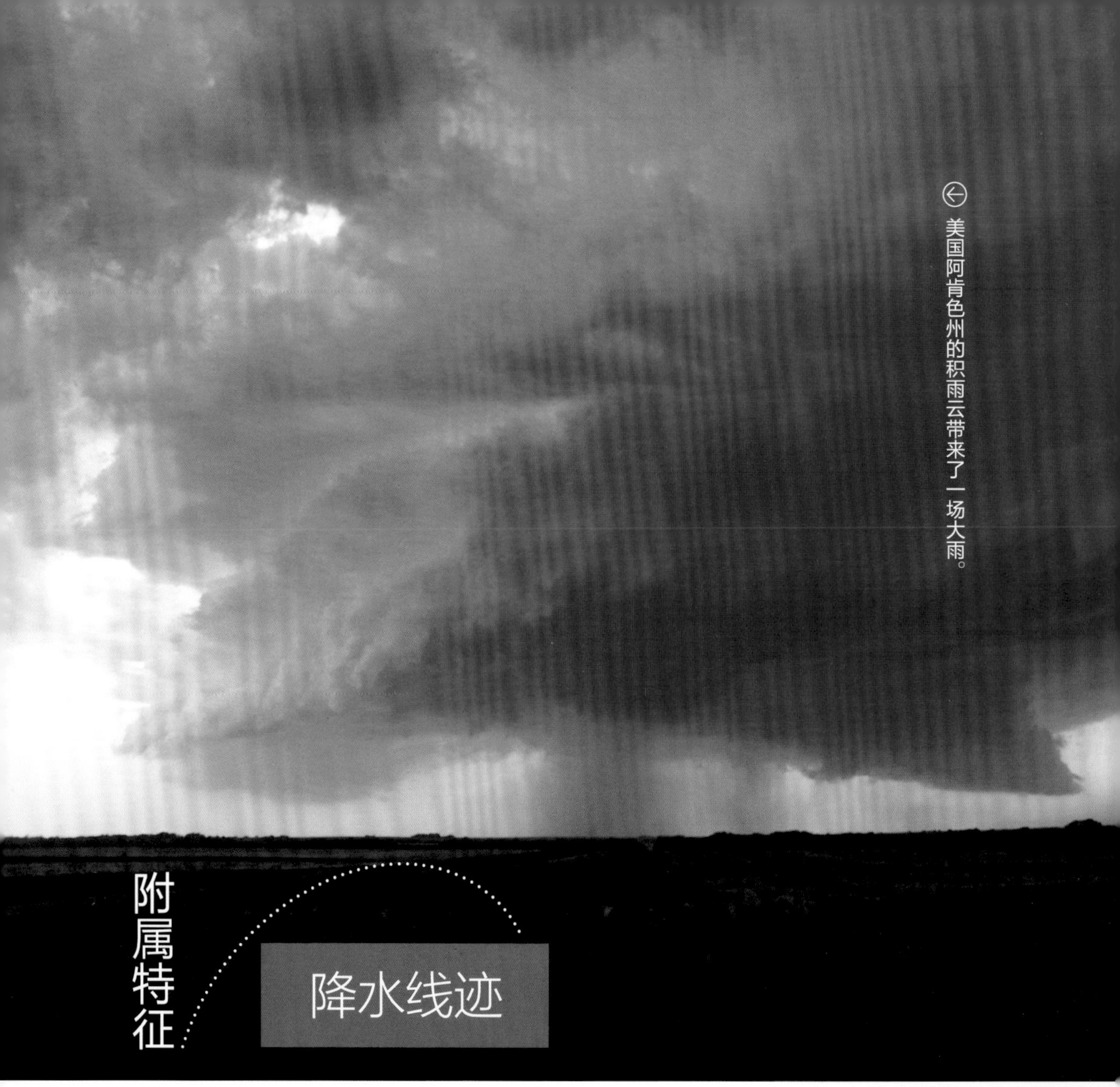

美国阿肯色州的积雨云带来了一场大雨。

附属特征

降水线迹

降水线迹的名称来源于拉丁语，意思是下降。与幡状云（见第 099 页）不同，气象学家将这一术语应用于任何能够到达地面的雨、雪或冰雹等降水的云彩。尽管本页两张照片中的降水线迹都来自积雨云，但降水线迹也可能来自其他云彩，包括层云、层积云、高层云和雨层云等。

铺天盖地的冰雹降落在美国堪萨斯州。当温暖的上升气流将下落的冰丸抛回较冷的云层时，冰丸会形成冰雹。冰丸通过碰撞和冻结而生长，形成更大的冰雹。

⇧ 伴有弧状云的鬃积雨云。摄于美国堪萨斯州希尔城。

附属特征

弧状云

弧状云的名称来源于拉丁语，意思是弓形。弧状云出现在强大的积雨云下方，呈清晰的架状或卷轴状。弧状云通常是由冷空气的下曳气流形成的，下曳气流在积雨云即将到来前铺开，形成弧状云，并钻到暖空气下方。这种厚厚的呈水平卷轴状的云彩中有些（如本页照片所示）看起来非常怪异。

管状云。摄于美国堪萨斯州。

附属特征

管状云

有时，积雨云的云底会有一股涡旋，使周围的水蒸气凝结成液滴，形成管状云（也称漏斗云）。如果涡旋向下移动，云层下方会形成锥形或漏斗形的凸起，但涡旋很少能接触到地面。如果涡旋接触到地面，它通常会以威力不大的陆龙卷或水龙卷（见本页照片），而不是成熟的龙卷风的形式出现。成熟的龙卷风往往是由热带超级单体雷暴的大规模旋转发展而成，与管状云的由冷空气形成的微弱涡旋不同。

卢克·霍华德曾在1851年7月17日下午写的一封信中描述了他在英国约克郡海岸附近看到的管状云："在过去的一个小时里，我们看到了一个非常罕见的现象——水龙卷。西边和西北边的云彩很厚，大雨即将从那边到来，这就像人们在洗澡前把引水的管子放在浴缸上方的半空中，而不放到水里一样，我想我们在水龙卷下面看不到它与水面相连的现象。"卢克·霍华德所称的水龙卷（"就像海王星与木星想握手，却握不到"，他兴奋地总结道）似乎只是自己的一个推断。很显然，根据他的详细描述，我们可以确定他目睹的水龙卷是管状云。

↗ 当冷空气形成的管状云接触到地面时，通常以陆龙卷或水龙卷（在水上）的形式出现，如英国怀特岛雅茅斯上空看到的这个现象。管状云常被误认为是龙卷风，但其实管状云的威力不大，存在的时间短暂，且很少对环境造成破坏。

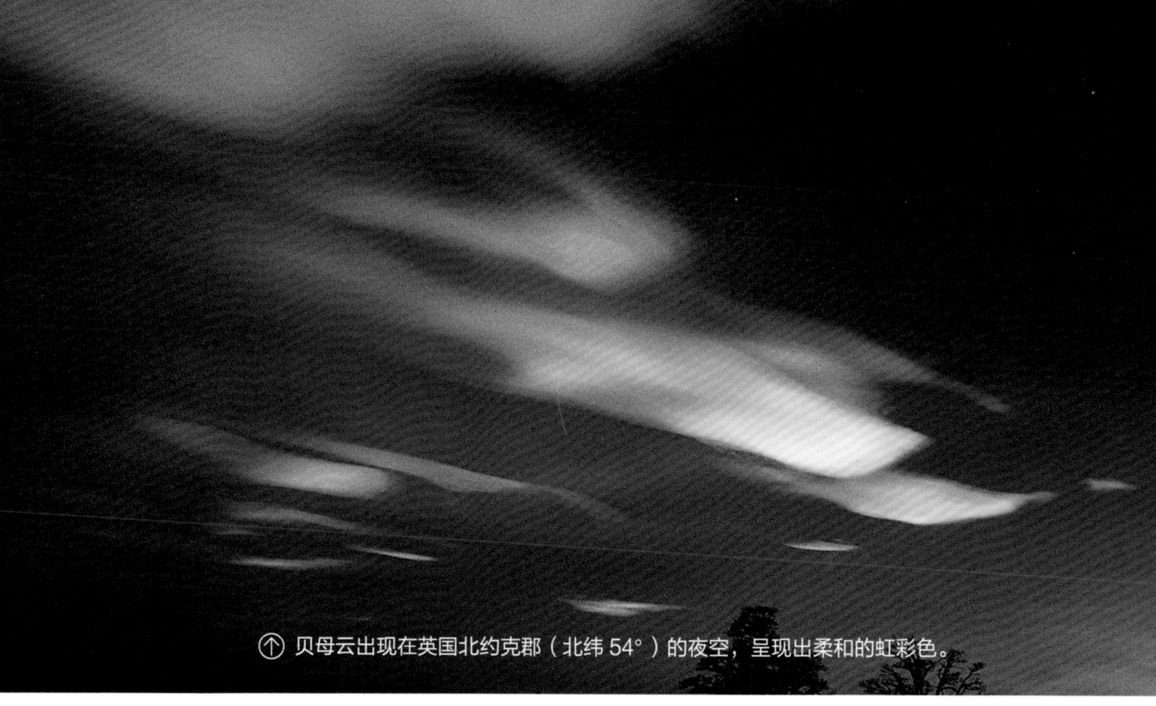
↑ 贝母云出现在英国北约克郡（北纬 54°）的夜空，呈现出柔和的虹彩色。

特殊的云

贝母云（珠母云）

贝母云也称极地平流层云，出现在距离地面 15 000—30 000 米的大气层中，通常出现在纬度高于 50° 的地区，尤其在北半球。它们在平流层中冻结温度低于零下 80°C 的下层中形成，通常是硝酸和冰晶的混合物。这些混合物来源于因受地形波的影响而被抬升穿过对流层顶的潮湿空气团，这种地形波与产生高云族荚状云的地形波相同。

最有可能看到贝母云的时间是冬季日出或日落时。虽然此时大部分天空还是漆黑的状态，但贝母云会被地平线下的太阳照亮，呈现出柔和的虹彩色。因为观测者距离它们非常远，所以从远处看这种景象更令人赞叹。

但这些虹彩色的贝母云也有“黑暗”的一面。它们的化学成分有助于氯原子的产生，而氯原子会破坏臭氧层。臭氧层位于距离地面约 25 000 米的高空，人们在那里发现了大量的贝母云。一个氯原子可以破坏多达 100 000 个臭氧分子，所以向大气中释放大规模的氯氟碳化物会破坏大气环境。因此，这些美丽的贝母云对环境而言是破坏性极大的。

↑ 仲夏的夜晚，最难以解释的夜光云在高空中像薄薄的淡蓝色“波浪”。

夜光云的名称来源于拉丁语，意思是在夜空中闪耀。它也被称为极地中间层云，是地球大气层中海拔最高的云彩，出现于海拔 80 000 米以上的中间层[1]。它比本书中提到的其他任何云彩（平流层的贝母云除外）至少高 4 倍。

在近 20 年里，夜光云越来越常见，但它仍是一种极为罕见的云彩。这种云彩可能与人类的活动有关（见“后记”，第 127 页）。观测这种云彩的最佳地点是在北半球或南半球纬度 50°—65° 之间的地区，最佳时间是仲夏的夜晚。例如英国的苏格兰北部或斯堪的纳维亚半岛（见本页照片）高空中的夜光云被已落到地平线下的太阳照亮。

夜光云位于天空边缘，看上去像是高空中薄薄的淡蓝色或银色“波浪”。它也的确如同看上去那样神秘：它是所有云彩中最难以解释的云彩。夜光云在那么干燥、纯净且极冷的大气条件（零下 125℃）下存在，其形成方式和组织结构尚不可知。曾有人提出一些假设，认为这种云彩由流星碎片形成，或者由地球上的火山喷发所产生的灰尘飘到平流层形成，或者是由飞机飞行时产生的尾气形成。2006 年，来自“火星快车”空间探测器带来的消息称，在红色火星的上空，由二氧化碳组成的云彩也显示出与地球上空的夜光云类似的外观，这使得夜光云显得更加神秘。

①中间层：平流层顶到海拔 85 000 米之间的大气层。

↑ 在瑞士马特峰上，旗云从东向西流动。

特殊的云

旗云

旗云是山脊或山峰附近形成的静止地形云①，从山峰向下风方向呈三角旗形随风飘移，令人印象深刻（如本页照片所示）。在潮湿的西风前进过程中，因受到山脉的阻挡而上升，便在山顶上方形成云层。地形云形成后，由于山的背风坡一侧气压降低，它被气流拉下来，形成独特的三角旗形。虽然其他大山峰（如直布罗陀岩山）也出现过非常突出的旗云，但最著名的旗云还是出现在瑞士马特峰的旗云。

①地形云：因受山脉的影响而形成的云彩。

↑ 湍流大气中，不同的空气层以不同的速度流动时形成开尔文—亥姆霍兹波。

特殊的云

开尔文—亥姆霍兹波

在暖空气团与其下方较冷的空气层的边界处，因受到呈水平方向强烈的风的扰动，导致上层空气比下层空气流动得更快，使“波峰”在卷云或卷层云前移动，形成独特的波浪形云彩（如本页照片所示），这就是开尔文—亥姆霍兹波。

这种罕见的、转瞬即逝的现象用19世纪两位先驱科学家的名字命名，他们是出生于爱尔兰贝尔法斯特的第一代开尔文男爵、物理学家威廉·汤姆森（1824—1907）和德国物理学家赫尔曼·冯·亥姆霍兹（1821—1894）。

↑ 当飞机产生的凝结尾迹持续并蔓延时（如本页照片所示），则预示着在未来 48—72 小时会产生降雨。

人为云

凝结尾迹（航迹云）

凝结尾迹也称航迹云，是由喷气式飞机排出的水蒸气遇冷凝结而形成。这是卢克 · 霍华德唯一没有见过的云彩。

在距离地面 11 000 米或更高的天空中，飞机外部环境温度远低于冰点[1]，因此我们看到的大多数凝结尾迹就像它们附近的天然卷云一样，是由缓慢下落的冰晶而组成（凝结尾迹在高空破碎，更确切地说是分解，如第 109 页照片所示）。如果想使凝结尾迹出

①冰点：液态水转变成固态冰时的温度。

↑ 冰晶从飞机产生的凝结尾迹中落下。摄于英国伯克郡。

现并持续存在，飞机外部的空气必须是湿冷的。如果飞机外部的空气过于干燥或温度不够低，凝结尾迹根本不会出现，或者只出现在飞机附近且存在时间非常短暂，随后便蒸发到周围大气中了。

与凝结尾迹相反的是著名的耗散尾迹。当飞机飞过卷云或高层云时，飞机产生的尾气会促使云彩中的水滴或冰晶下落，从而在飞机飞过的地方形成一道缝（见第 091 页下部照片）。

对于一些天空观察者来说，凝结尾迹可能并不受他们的欢迎，因为他们会认为这是一种视觉污染。而实际上凝结尾迹可以为我们提供一些有用的线索，告诉我们高层大气中发生了什么。例如，在温带地区，如果凝结尾迹持续存在数小时，这表明高层大气中的潮湿空气正在上升，预示着降雨。很可能在未来的 48—72 小时到来。相反，如果没有凝结尾迹，则表明晴朗、干燥的天气会持续一段时间。研究凝结尾迹，对于研究影响全球气候变化的因素可能具有重要意义（见第 127 页“后记”中的讨论）。

火积云是一种积状云。当一块较小的区域内有充足的潮湿空气时，地面上强烈燃烧的火焰将潮湿的空气加热后就会产生火积云。这种云彩既可以是自然形成（如在喷发的火山或熊熊燃烧的森林大火上方），也可以通过人类的活动形成（如本页照片所示，人们燃烧麦秆，导致低空中形成了烟雾缭绕的火积云）。

空气流动需要相当平稳，才能形成火积云，否则，上升的水蒸气在到达凝结点而形成云彩前，被火焰烘烤的热气流就消散了。一旦火灭了，火积云也会很快消散，就像其他小积状云一样，当形成积状云的对流消退时，积状云会很快消散。

人为云

火积云

← 英国索尔兹伯里附近。麦秆"烤熟"了上空的热气流，形成的火积云盘旋在傍晚的天空中。

迪德科特发电站的冷却塔上方形成了一片烟积云，摄于英国牛津郡。

人为云 烟积云

烟积云是人为活动形成的火积云的一种变化的云彩，通常形成于冷却塔上方。凝结成烟积云的水蒸气大部分来自冷却塔，从塔里不断排出的水蒸气与大气中已有的水蒸气结合在一起，形成持久且夺目的烟积云（如本页照片所示）。

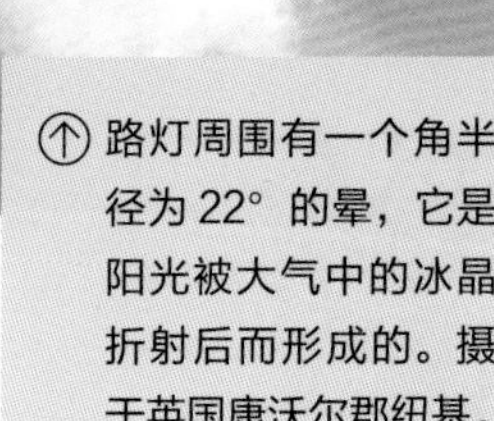

㊉ 路灯周围有一个角半径为 22° 的晕，它是阳光被大气中的冰晶折射后而形成的。摄于英国康沃尔郡纽基。

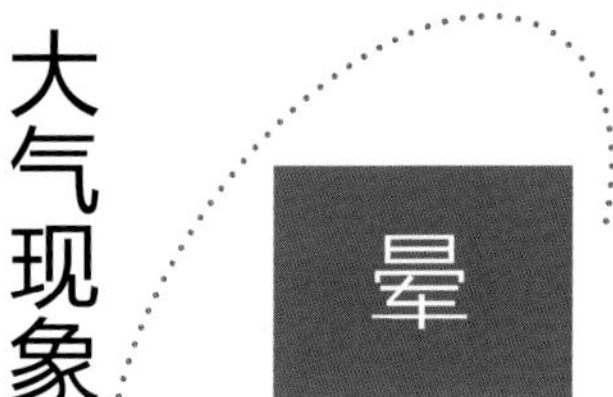

大气现象

晕

晕是一种在太阳或月亮周围出现的光学现象。当日光照射到高云族的卷层云或卷云的冰晶上时，入射光线被冰晶以不同角度反射和折射，分散成微弱的七彩色。晕的角半径通常为 22° ①，比华（见第 116 页）的范围大得多。晕经常与其他光学效应一起出现（如幻日，见第 113 页），往往预示着坏天气即将到来，因为在锋面推进之前，天空中往往会铺展出一层卷层云，而日光照射在卷层云上会产生日晕，正如民谚所说，“日月有晕，天将降雨”。

晕还会出现在其他强光源（如路灯）周围及地面（在异常寒冷的条件下）附近聚集的微小冰晶上，这种微小冰晶的聚集现象叫作“钻石尘”。

①角半径 22°：指日晕或月晕的半径对应的视角为 22°，即假设从日晕的圆边上任意一点到观测者间画一条直线，从日晕圆心到观测者间画另一条直线，这两条直线之间的夹角是 22°。

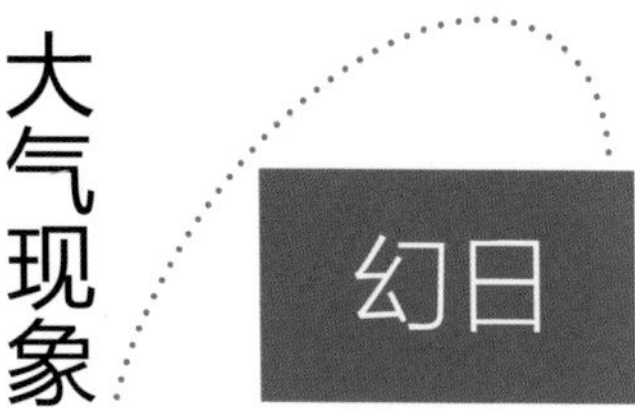

大气现象

幻日

幻日在希腊语中意为“与太阳相伴”，是出现在太阳两侧的亮斑。它由高云族卷状云（特别是卷层云）中的冰晶折射日光而产生。太阳在天空中的位置越低，就越容易产生幻日；太阳离地平线越近，幻日看上去离太阳就越近。幻日就像一小块彩虹，靠近太阳的内侧呈红色、外侧呈浅蓝色。

云彩中冰晶的形状及其方向决定了日光被折射为晕还是幻日。扁平形状、水平方向的冰晶易产生幻日，而形状更随意或不规则排列的冰晶更容易产生 22° 晕（见第 112 页“晕”）。

幻月和月晕也是类似的现象，但更为罕见。

由高空中的冰晶折射日光形成的幻日出现在傍晚的云层旁。

大气现象

日柱

当太阳升起或落下时，云彩中呈水平方向缓慢下降的六角形冰晶的表面反射日光，在太阳上方或下方形成垂直的光柱——日柱。这些冰晶存在于卷状云中，尤其是卷层云（见 CH7，第085页）中。与晕和幻日等折射产生的光学现象不同，日柱是数以百万计的微小冰晶闪烁的光汇聚在一起形成的现象。冰晶反射的是日光，所以日柱的颜色和落日的颜色一样，而不是将光线分散成各种颜色。

日柱会在极少数情况下与幻日环相交，在天空形成以太阳为中心的明亮的十字形景象。

⊖ 傍晚天空中的日柱。摄于英国萨里郡桑赫斯特。

当卷状云中的冰晶（也是形成幻日的冰晶，见第113页）呈水平方向排列时，日光被这种冰晶折射，形成环天顶弧。环天顶弧是一条明亮的七彩色带，看上去像倒置的彩虹高挂在观测者头顶[1]上方的天空。

典型的环天顶弧是 $\frac{1}{4}$ 个圆，其颜色通常比彩虹的颜色更亮，靠近天顶的一侧是蓝色，靠近地平线的一侧是红色。环天顶弧的形成对折射光与冰晶的角度有精确的要求，日光要照射到呈水平方向的冰晶表面上，并从冰晶侧面射出。太阳不能高于地平线 32.2°，否则无法形成环天顶弧。如果想看到最明亮的环天顶弧（云彩收集者加文·普雷托–平尼称其为“天空中的彩色笑脸”），太阳要恰好位于地平线之上 22° 的位置上。

①头顶：即天顶，观测者在任意位置时头顶正上方天空的那一点。

→ 环天顶弧出现在傍晚的天空中。

⇧ 高积云上出现的华。摄于斯凯岛邓图尔姆。

天空中有薄薄的云彩（低云族或中云族的云彩）时，透过云彩我们可以看到围绕在太阳或月亮周围的彩色光环，这就是华。在本页令人印象深刻的图片中，日华透过高积云呈现出来。华的颜色在太阳或月亮附近发蓝或发白，越靠外侧则越偏红。华主要是因大小均匀的水滴使光线发生衍射而引起，所以它与虹彩云（见第 117 页）现象密切相关。

华现象中有一种不太常见的形式，叫作毕晓普光环，是由火山喷发出的尘埃和硫酸盐颗粒对日光或月光的衍射作用而生成的彩色光环。这种效应以塞雷诺 · 毕晓普命名，他首次描述了 1883 年 8 月喀拉喀托火山喷发后出现的这种现象。毕晓普光环是围绕太阳出现的比较宽大的彩色光环，其内缘呈白色或浅蓝色，外缘呈红色甚至略带紫色。这种现象最后一次被人们看到是在菲律宾皮纳图博火山 1991 年 6 月喷发后的 1991—1992 年。

华

↑ 高积云产生的虹彩云。摄于英国怀特岛尼德尔斯。

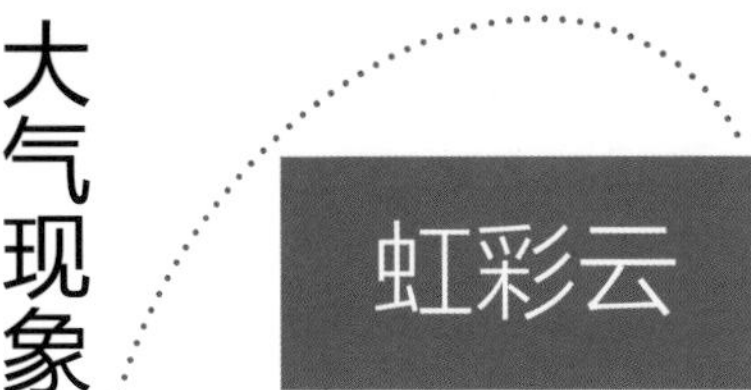

大气现象

虹彩云

虹彩云是一种因光发生衍射而产生的现象。当太阳光照射到大小均匀的水滴上时，光线不会直接通过，而是绕着水滴发生衍射。光线照射到薄薄的卷积云、高积云和层积云的边缘时，光线通常会重新组合，形成亮粉色或珠母色的不规则斑块，这里的珠母色主要是绿色和粉色。“虹彩云”一词源自希腊“彩虹女神”的名字。

⊕ 这幅照片令人印象深刻：宝光现象伴随“布罗肯幽灵”现象出现。这是在充满迷雾的山腰上拍摄的，请注意宝光的同心圆环中心是摄影师头部的影子。两个并肩站着的登山者都会看到自己的宝光，但看不到同伴的宝光。

如今，在飞机上经常可以看到宝光。右图是透过飞越澳大利亚昆士兰海岸惠森迪群岛的飞机舷窗拍摄到的宝光。

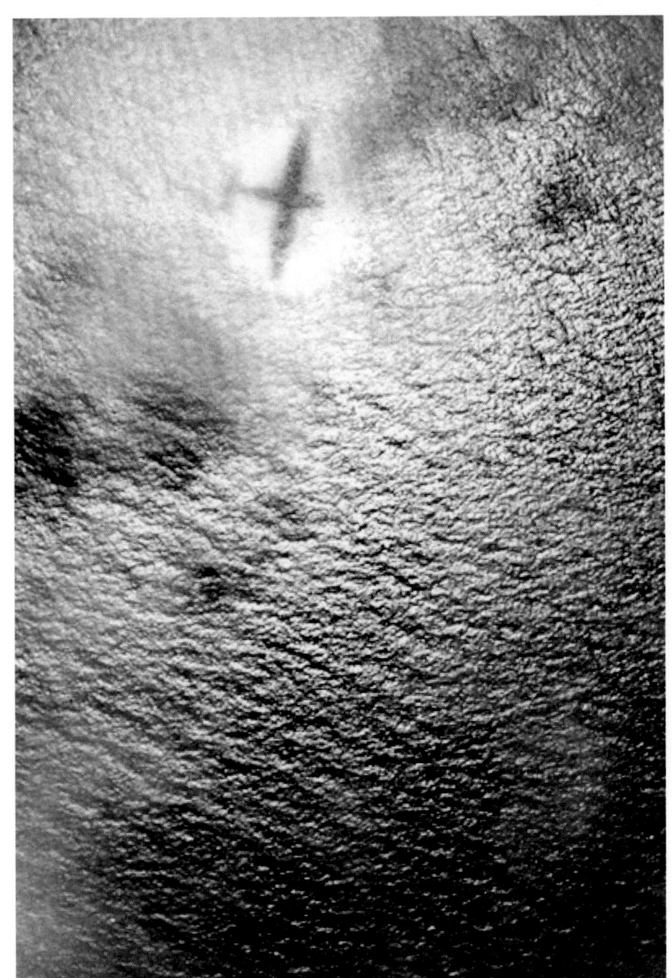

宝光是一种光学现象。光线照射到由大小均匀的水滴组成的云彩上时会发生衍射，形成宝光。宝光看上去是一圈圈的彩色光环。有时，登山者看到宝光现象时也会看到“布罗肯幽灵”现象。当太阳光从观测者背后以低角度照射时会将人影投射到宝光之中，放大的人影看上去好像幽灵，所以叫作“布罗肯幽灵”。“布罗肯幽灵”是以德国北部哈茨山脉中云雾笼罩的布罗肯峰命名的，人们最早在那里记录到了这种现象。

⬆ 主虹和副虹。摄于英国诺森伯兰郡恩布尔顿湾。

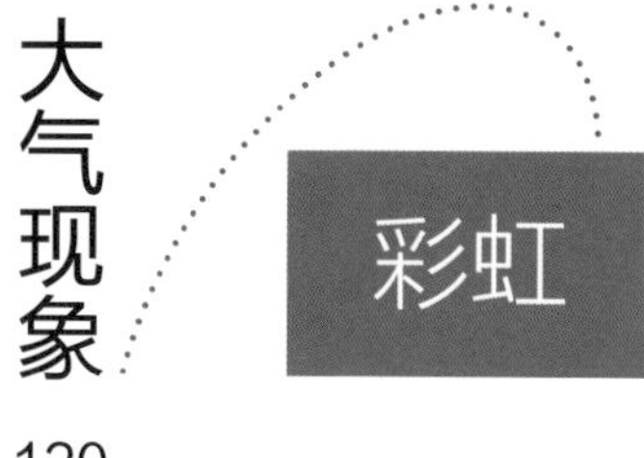

彩虹是水滴将太阳光分散成七色——的红色、橙色、黄色、绿色、蓝色、靛蓝色和紫色的带状光弧。水滴的形状接近于球形，白光在射入水滴时，先发生一次折射，然后在水滴的背面反射，最后在离开水滴时再折射一次，所以白光在很宽的范围内分散开，形成的彩虹光在 40°—42° 视角的范围内最强。而只有当太阳在观测者身后，空气中的水滴（无论是下雨、瀑布的水滴，还是花园喷洒装置喷出的水滴）在观测者正前方时，观测者才能看到彩虹。

彩虹完全是一种光学现象（不存在实体），每个观察者的眼睛都会看到属于自己的彩虹，它出现在太阳对侧天空的特定区域。

最常见的虹是主虹，角半径始终为 42° ，外缘为红色，内缘为紫色。有时伴随着主虹的还有一个更大的副虹（也称霓，角半径 52° ），如对页照片所示，其颜色排布与主虹相反，内缘为红色，外缘为紫色。有时在主虹内缘还会有一道暗淡的虹，称为附属虹。

主虹。摄于英国诺森伯兰郡赫克瑟姆。

↑ 曙暮光条是“雅各布天梯”的一种。摄于英吉利海峡中的泽西岛。

大气现象

曙暮光条

曙暮光条是太阳光照射到低层大气中的微小颗粒（尤其是灰尘、气体和水滴）上发生散射后我们所看到的太阳光束。对应不同的大气透明度，曙暮光条通常分为 3 种：第一种是从低云缝隙中射出、由水滴散射而成的光束；第二种是从云彩（通常是积状云）后方射出的光束；第三种是从地平线下方向上射出的粉红色光束，其浓烈的色彩是由雾霾引起的。向下照射的太阳光束中有一种叫作“雅各布天梯”（如上图所示），像是太阳光柱从遮住太阳的云彩后方投射下来。这个效应的名字取自《创世记》第 28 章第 11—17 节：雅各布梦见一个通往天堂的梯子，在这个梯子上可以看到天使们上上下下。

与曙暮光条相对，还有一种罕见现象叫作反曙暮光条，其形成方式与曙暮光条完全相同，但光线不是朝向太阳汇聚，而是从太阳向外发散。实际上这是一个简单的透视效应，只有观测者恰好背对着落山的（或即将落山的）太阳，且正看向对面地平线的一个点（反日点）时才能看到这个现象。诗人杰拉德 · 曼利 · 霍普金斯是一位终身天空观察者，他在 1866 年 6 月 30 日暴风雨天气的下午写了一篇令人印象深刻的日记，其中描述了光束向上的曙暮光条：“一整天都是雷雨天气，雷鸣电闪、此起彼伏。当天空在巨大的云层间变得明亮时，云层后面的太阳清晰地伸出了它那被遮蔽住的长长的‘角’。”

↑ 云地闪电。摄于美国得克萨斯州拉伯克。

闪电是由积雨云产生的肉眼可见的放电现象。云彩中剧烈的上升气流将云彩中的正、负电荷分开时会形成闪电。电荷团簇会积聚在云彩的不同部位，正电荷通常聚集在云顶，而负电荷则聚集在云底。当这些带电区域之间的电位差变得太大以至于无法维持时，电能就会以闪电的形式释放出来。

㊤ 美国得克萨斯州阿彻县道路附近的叉状闪电击中了地面。从这张震撼人心的照片中可以看出，闪电经常要经过一系列“步骤”才能到达地面。

当云底的负电荷引起地面上产生正电荷时，就会与地面产生闪电，并以云地闪电（通常被称为叉状闪电）的形式在不同的带电区域间发出耀眼的火花。如果火花在单个云中的不同带电区域间飞行，且不到达地面，称为云内闪电（或片状闪电）；如果火花从一个带电云飞向另一个带电云，则称为云际闪电。

呈线状的闪电通常以连续瞬时放电的形式出现，通过一系列的“步骤”接近地面。闪电使空气柱的温度升至 28 000° C 时，空气会突然膨胀，并发出声音，这个声音就是打雷。观测者听到的是炸雷还是低沉的闷雷，除了取决于闪电与观测者的距离，还取决于闪电发生的时间长短。有时我们能在 30 000 米之外的地方听到雷声，但声波经过这么远的距离会被分解，所以我们只能听到模糊的隆隆声。

⇧ 太阳风与地球大气中的气体相撞产生的北极光。

大气现象

极光

极光出现在极地附近距地面 100—250 000 米以上的高空中，它就像五彩缤纷的光带一样，或者像在天空中弥漫的光斑。极光是由太阳风产生的高速粒子与地球高层大气中的气体分子碰撞，使气体分子发射出不同颜色的荧光。极光可以在两极地区看到，在北极的被称为北极光，在南极的被称为南极光。“极光”这个词来自罗马神话中“黎明女神”的名字。

后记

云与气候变化

⊕ 厚厚的低云层通过将太阳光反射回太空，使地表冷却。

在阅读本书的过程中，相信大家已经注意到云彩在预示短期天气状况方面经常发挥重要作用，但在预示长期气候变化时则没什么作用。尽管我们对全球气候变化的现状有近乎普遍性的科学共识，但该主题仍充满很大的不确定性，其中最重要的问题是云彩在影响地球未来气候方面发挥的作用。云彩是否会成为导致全球变暖的罪魁祸首，让我们被越来越多的温室气体所包围？或者，云彩是否最终会将更多的阳光反射回宇宙空间，从而拯救地球？从现状来看，这些问题并不简单，而且联合国政府间气候变化专门委员会在 2007 年的评估报告中明确指出，云彩自身及其变化是决定未来气候的主要因素："云彩在类别、方位、含水量、高度、云质粒尺寸、形态和从形成到消散的整个周期等任何方面的变化，都会在不同程度上使地球变暖或变冷。其中有些因素的变化会让地球变暖加剧，而有些因素则会让变暖减缓。还有许多研究正在进行中，这些研究能让我们更全面地了解云彩的变化对全球气候的影响，以及这些变化如何通过各种反馈机制影响全球气候。”

但是，正如气候科学中的案例一样，很多研究产生了明显相互矛盾的结果。例如，一方面，许多气候科学家认为，持续的地表变暖会加剧海水的蒸发，从而导致空中总云量增多；另一方面，也有人认为，在较温暖的地区，大气中增加的水蒸气会形成大量可以更快地产生降雨的对流积状云，从而导致总云量净值减少。目前，我们还不知道更有可能发生哪种现象，也不知道可能会产生哪种长期影响。即使为了论证，我们假设因地球表面持续变暖，整体云量会增加，但仍不清楚哪种云彩及什么样的反馈机制会占主导地位。例如，高云族薄薄

凝结尾迹最初会对地球产生冷却效应，但当其扩散后形成卷状云层时，其整体影响是使地球变暖。

↑ 英吉利海峡上空飞机的凝结尾迹交织成网。美国国家航空航天局的 Aqua 和 Terra 卫星抓拍于 2003 年 12 月。

的卷状云（如卷层云）易产生整体升温效应，因为它们会从上方吸收大量的短波辐射（白天的阳光），同时拦截长波反射（从阳光照射过的地面反射回来的能量），并将这些能量发送回地球。所以，卷层云的云量不管以什么形式增多，都会导致气候又增加了一种变暖机制。相反，明亮、浓厚的云（如浓积云）能将太阳光反射回去，使地表冷却。在夜间，这些云彩可以通过吸收或反射反向辐射的能量而引起轻微的升温，但它们整体的影响还是冷却，特别当它们的云顶是浓厚的白云时。因此，从理论上讲，高云族薄云层的增加会加剧全球升温效应，而低云族浓厚、蓬松的云彩则相反，会产生冷却效应。当然，事实并不这么简单，正如本书中所看到的，云彩经常以复杂且不可预测的方式存在。为了说明这一点，我们举两个例子来看看云彩的复杂性。

第一个例子发生于2001年“9·11恐怖袭击事件”后。当时美国所有的商业航班停飞了几天，这是自20世纪20年代以来天空中首次没有出现航迹云。与美国往年同期的温度相比，白天略暖和，夜晚略凉爽，昼夜温差增加了1.1℃。研究数据的气象科学家称，可能白天到达地面的太阳光比平时多得多，夜间没有了航迹云后，通过地面反射回太空的辐射增多了，从而产生了这种现象。乍一看，这似乎违背直觉，因为飞机的凝结尾迹产生的卷状云会导致产生升温效应，上方的阳光透过这种云层照射到地表，同时这种云层又会将地表辐射的能量反射回去。而没有凝结尾迹，整体来说应该产生制冷效果。但实际上，凝结尾迹比这复杂得多。当凝结尾迹处于最初的水滴状态，它们比自然形成的卷云浓厚得多，因为它们由飞机尾气中的水蒸气和存在于大气中的水蒸气这两种不同来源的水蒸气产生，这些水蒸气在尾气热流中的固体颗粒上凝结（见术语表“凝结核”），形成由大水滴和冰晶组成的、不规则运动的混合物。起初，这种新生成的、不透明的航迹卷云看上去更像白色的低云族云彩，它将太阳光反射回天空，并产生短期的局部冷却效应。但是随着凝结尾迹持续蔓延，它们会变成易于识别的卷状云云层，通常通过自然的方式逐渐侵入天空（类似于与其非常相似的 CH7 中的云），其过冷水滴已经冻结成与卷层云的形成有关的微小冰晶。因此，航迹云的整体影响是使气候变暖，与我们观察到的自然形成的卷状云的影响一致。

然而，无论在白天还是在晚上，凝结尾迹的形成和扩散变得越来越复杂。如果凝结尾迹在清晨或傍晚蔓延，它们会产生轻微的冷却效应，因为太阳光容易在冰晶表面发生反射，而不是穿透冰晶到达地面。但是，在夜里，包括凝结尾迹在内的所有云层只能产生升温效应，因为没有可以反射回宇宙空间的入射太阳光。因此，如果增加夜间航班，可能会导致地面温度略微升高。事实上，因飞机尾迹增加而产生的升温效应，特别与夜间航班的增加相关的升温效应，预计在美国每10年会使温度上升0.2—0.3℃（不包括与航空事件增多相关的其他升温效应产生的结果，如二氧化碳排放和局地臭氧形成等）。

当然，与飞机凝结尾迹相关的很

多研究仍然是新兴的、不确定的。关于这些人为活动形成的云，我们了解的只是一小部分。对于发展中国家来说，飞机正成为越来越受欢迎的交通工具。以后飞机是否需要改变飞行高度以减少或改变凝结尾迹是预测温度变化的一个方面。正如研究航迹云的大气科学家戴维 · 特拉维斯于 2002 年 8 月接受美国有线电视新闻网采访时所指出的：“我们的研究表明，凝结尾迹能够影响气温，但具体会产生什么样的影响，结果是升温还是变冷仍悬而未决。”

云彩复杂性的第二个例子涉及的云同样在高空中，但它们距离地面更远，这种云就是夜光云，而对夜光云变化模式的研究表明，这种云在过去 20 年里变得越来越常见。夜光云在 19 世纪 80 年代首次被观察到并被命名，它曾经是最罕见的云，但现在似乎比较常见，也比以前更明亮，并且可以在越来越低的纬度观察到（观测者所在的位置在慢慢向赤道靠近）。有这样一种猜测：夜光云是由高空中的航天飞机排放的大量尾气形成，在这个高度上，水蒸气和尘埃核都不常见，因此这种云彩出现的次数之所以越来越多（10 年间出现的次数增加了 8%）是由增多的航天飞机造成的。也有其他研究指出，中间层距离地球表面 50 000—80 000 米，在正常情况下温度低至零下 130℃，这里的空气比撒哈拉沙漠干燥 10 万倍左右，所以如果在中间层形成冰云，要有极低的温度才行。

大气层中温室气体浓度的增加不仅导致地球表面温度升高，也为地球外层大气创造了更寒冷的环境，看起来很奇怪。这是因为温室气体吸收了大部分反射回大气层的长波地表辐射，而从变暖的低层大气中逸出的热能减少，从而导致高层大气相应地变冷。那么，我们观察到的夜光云在不断增多，这会不会与全球变暖有关？夜光云之所以变得更亮会不会是因为其下层变暖，使得水蒸气流入高空，从而形成了更多、更大的冰晶？夜光云在 19 世纪 80 年代才被观测到，当时正处于工业革命的鼎盛时期，所以这种云也可能是由于人类的活动所引发的现象。如果情况果真如此，人类活动的实际影响能够到达大气层多高的地方，这恐怕超出了我们的想象。

正如维多利亚时代气象学家拉尔夫 · 阿伯克龙比在 1887 年所写的那样：“云彩总是在‘讲述’真实的故事，只是故事很难被人‘读懂’。”虽然阿伯克龙比指的是云彩与天气的关系问题，但他的评论同样适用于正在进行的云彩与气候关系的探索。如前文所述，许多相互关联的因素会让云彩的故事很难被人读懂，其中最令人生畏的是随着气候变暖，大气自身会相应地进行重组，这会加剧或减弱气候变暖。不断变化的气候能够以各种不可预测的方式改变云彩和天气的日常状态，这种不确定性可能影响全球的反馈机制，特别是所涉及的那些云的问题。唯一可以肯定的是云彩既可以快速加剧气候变暖，也可以迅速减缓气候变暖，或在两者之间发挥作用。当然，也可能不起任何作用。总之，我们无法预知地球将来会发生什么，而且，鉴于在过去的几个世纪里云彩一直是存疑和不确定的象征，所以在未来的几个世纪里它很可能会一直如此。

夜光云于 19 世纪 80 年代首次被观测到，现在似乎更亮、更常见，而且在更低的纬度地区也可以看到。

术语

附属云和附属特征

附属云形成于某一主云的附近，包括幞状云、破片云、缟状云（见第 094—096 页）。还有 6 种偶尔出现的附属于主云的附属特征，包括砧状云、悬球状云、幡状云、降水线迹、弧状云和管状云（见第 097—103 页）。

高积云（Ac）

其名称 altocumulus 由拉丁词汇 *altum*（高的）和 *cumulus*（堆）复合而成。高积云是中云族中的一种，通常呈现为一个个圆圆的云团，透过云团间的缝隙能看到晴朗的天空。

高层云（AS）

其名称 altostratus 由拉丁词汇 *altum*（高的）和 *stratus*（层）复合而成。高层云属于中云族，云层呈泛白色或蓝色，一般不会产生降雨。

弧状云（arc）

其名称 arcus 来源于拉丁语，意思是拱形或弓形（见第 101 页）。

大气层

大气层（来源于希腊语 *atmos*，意思是空气或蒸气）是地球表面厚达 1 000 000 米的气体层，由 5 层组成，每层都有自己独特的温度分布。第一层是从地球表面到距地面 20 000 米的对流层。大多数云彩和天气现象都出现在这一层，高度每升高 1 000 米，温度平均下降 6.5°C，温度降至零下 60°C 时到达对流层顶，即第一层与第二层的边界。第二层是从对流层顶到距离地面 50 000 米的平流层。温度随着高度的升高而升高，最高可达 0°C，而温度之所以不降低，反而升高，主要是因为存在臭氧。第三层是从平流层顶到距离地面 85 000 米，甚至更高的中间层。温度随着高度的升高而下降，最低可到零下 125°C 左右。温度最低的是第四层——热层，热层会延伸到地球上空 650 000 米，温度再次随高度的上升而升高，可以到达

1 000°C 以上。温度最高处就是第五层——散逸层，这是由自由运动的粒子组成的厚厚的一层，最终与空旷的太空融合在一起。

秃（积雨）云（cal）

其名称 calvus 来源于拉丁语，意思是秃头，这种云的顶部看起来很光滑，与鬃（积雨）云（见 CL9）的毛状或细鬃状外观形成鲜明的对比。

鬃（积雨）云（cap）

其名称 capillatus 来源于拉丁语，意思是毛茸茸的。该术语指的是一种由冰晶形成的呈细鬃状的云砧，这种云砧仅出现于积雨云（见 CL9）上。

堡状云（cas）

其名称 castellanus 来源于拉丁语，意思是像城堡的。堡状云的顶部有花椰菜形状的炮塔形凸起。

卷积云（Cc）

其名称 cirrocumulus 由拉丁词汇 *cirrus*（头发）和 *cumulus*（堆）复合而成。卷积云是薄薄的白色斑块云，属于高云族。卷积云大面积铺开的天空被称为“鲭鱼天”。

卷层云（Cs）

其名称 cirrostratus 由拉丁词汇 *cirrus*（头发）和 *stratus*（层）复合而成。卷层云通常是透明的，是一层由高空中的冰晶组成的云层，既薄又平整，呈纤维状。

卷云（Ci）

其名称 cirrus 来源于拉丁语，意思是头发或纤维。卷云是既高又白的云，通常呈纤维状或有丝绸般的光泽。它们由数百万个缓慢下落的冰晶组成。

云彩

云彩是由液态水或冰这样的微小颗粒组成的集合，它们悬浮在空中，通常不接触地面。云彩中也可能包含某些非水液体及小的固体颗粒，如盐粒、花粉、烟雾或灰尘（见术语“凝结核”）。

凝结核

凝结核是大气中的悬浮颗粒（微小灰尘或其他固体颗粒），水蒸气会在其上面凝结成水滴。凝结核因人类活动的影响而进入大气，大量存在于大气中，是形成云彩的必要前提。

浓（积）云（con）

其名称 congestus 来源于拉丁语，意思是堆积或积累。这种云的垂直高度大于水平宽度，具有花椰菜形顶部（见 CL2，积云，第006页）。

积云性云（cugen）

其名称 cumulogenitus 由拉丁词汇 *cumulus*（堆）和 *genesis*（起源）复合而成。例如，积云性层积云（CL4）是由积云铺开或消退而形成。

积雨云（Cb）

其名称 cumulonimbus 由拉丁词汇 *cumulus*（堆）和 *nimbus*（雨云）复合而成。对流性积雨云（CL3 和 CL9）能生长到极高的地方，会带来闪电、冰雹和暴风雨。

积云（Cu）

其名称 cumulus 来源于拉丁语，意思是堆或摞。对流性积云通常是分离的浓厚云块，其上方在阳光照耀下呈现出明亮的白色。

复云（du）

其名称 duplicatus 来源于拉丁语，意思是双倍的或重复的。复云包含不止一层的云。

毛状云（fib）

其名称 fibratus 来源于拉丁语，意思是纤维状的或细丝状的。毛状云的细丝几乎是直的，没有钩（与钩状云不同）。

絮状云（flo）

其名称 floccus 来源于拉丁语，意思是一簇簇羊毛。絮状云的云块很小、云体很蓬松，下方通常参差不齐。

碎云（fra）

其名称 fractus 来源于拉丁语，意思是破碎的或碎裂的。这种云彩是破碎状的，有时呈片状。

淡（积）云（hum）

其名称 humilis 来源于拉丁语，意思是低的或接近地面的。这种云彩较小、扁平状，并且水平宽度通常大于垂直高度（见淡积云 CL1，第 002 页）。

砧状云（inc）

其名称 incus 来源于拉丁语，意思是铁砧。砧状云是冰晶在鬃积雨云的云顶形成的顶棚（见 CL9，第 028 页；另见第 097 页）。

乱（卷）云（in）

其名称 intortus 来源于拉丁语，意思是扭曲的或缠绕的。这种云彩的外观呈不规则弯曲或缠绕状。

虹彩云

虹彩云指当薄云层经过或靠近太阳或月亮时，在薄云的边缘会产生虹彩色。该术语源于希腊语中“彩虹女神”的名字（见第 117 页）。

网状云（la）

其名称 lacunosus 来源于拉丁语，意思是有间隙或有洞。网状云是云彩的变种之一，外观看上去充满了网洞，就像一张网一样。

荚状云（len）

其名称 lenticularis 来源于拉丁语 *lenticula*，意思是小透镜或小扁豆。荚状云是杏仁或透镜状的波云，潮湿的空气在翻过高山时通常会在山坡上形成荚状云（见术语“地形云”）。

悬球状云（mam）

其名称 mamma 来源于拉丁语，意思是乳房。悬球状云是积雨云下方垂下的、有独特的球状结构的云彩（见第 098 页）。

中（积）云（med）

其名称 mediocris 来源于拉丁语，意思是中等的。中（积）云自身的宽度和高度通常差不多，顶部通常有小凸起（见中积云 CL2，第 006 页）。

贝母云

其名称 nacreous cloud 来源于拉丁语，意思是珍珠母贝。贝母云也被称为极地平流层云，它是在平流层下方形成的冰云，距离地面 15 000—30 000 米（见第 104 页）。

薄幕状云（neb）

其名称 nebulosus 来源于拉丁语，意思是雾状的或含糊不清的。薄幕状云很薄，就像薄纱一样。

雨层云（Ns）

其名称 nimbostratus 是由拉丁词汇 *nimbus*（雨云）和 *stratus*（层）复合而成。雨层云（CM2）指的是浓密的灰色云层，通常会带来毛毛雨或持续降雨。

夜光云（NLC）

其名称 noctilucent cloud 来源于拉丁语，意思是在夜空中闪耀的云。夜光云是薄薄的冰晶云，出现于高空的中间层，距离地面约 80 000 米（见第 105 页）。

蔽光云（op）

其名称 opacus 来源于拉丁语，意思是阴暗的或厚实的。蔽光云是云彩的变种之一，能完全遮住太阳或月亮。

地形云

其名称 orographic 来自希腊语 *oros*（山）和 *graphos*（变白）。如波云或旗云之类的地形云是空气受高山地形影响而形成的云。

破片云（pan）

其名称 pannus 来源于拉丁语，意思是一块布或抹布。破片云是一种参差不齐的碎片状云彩，通常出现在雨云下方（见第 095 页）。

漏光云（pe）

其名称 perlucidus 来源于拉丁语，意思是让光线穿过。漏光云是云彩的变种之一，透过这种云你可以看到部分日光或月光。

幞状云（pil）

其名称 pileus 来源于拉丁语，意思是帽子。幞状云是一种扁平的、帽子状的附属云，常出现在积云和积雨云的上方（见第 094 页）。

降水线迹 （pra）

其名称 praecipitatio 来源于拉丁语，意思是坠落。降水线迹指的是任何类型的降水（雨、雪或冰雹），这些降水能够到达地面（与幡状云不同，见第 100 页）。

火积云

其名称 pyrocumulus 由希腊词汇 *pyro*（火）和拉丁词汇 *cumulus*（堆）复合而成。火积云是潮湿的空气因物体的燃烧而产生的积云，可能是火山喷发或森林火灾形成的，也可能是秸秆燃烧或工业排放而形成的（见第 110 页）。

辐辏状云（ra）

其名称 radiatus 来源于拉丁语，意思是辐射。辐辏状云是云彩的变种之一，它们呈平行的带状或射线状，看上去像汇聚于一点。

密（卷）云（spi）

其名称 spissatus 来源于拉丁语，意思是厚的或浓缩的。这种云往往很浓厚，颜色为灰色。

成层状云（str）

其名称 stratiformis 由拉丁词汇 *stratus*（层）和 *forma*（形式或外观）复合而成。成层状云水平铺展成一大片。

层积云（Sc）

其名称 stratocumulus 由拉丁词汇 *stratus*（层）和 *cumulus*（堆）复合而成。层积云是圆形的云团或云卷，看上去像排列成平行的带状云。

层云（St）

其名称 stratus 来源于拉丁语，意思是层。层云是低云族的云，有时层层叠叠，很少产生降雨。

透光云（tr）

其名称 translucidus 来源于拉丁语，意思是半透明的或透明的。透光云是云彩的变种之一，太阳光或月光能清晰地透过这种云。

管状云（tub）

其名称 tuba 来源于拉丁语，意思是小号或管。管状云是一种漏斗状的云，它从积雨云的底部向下延伸，但很少到达地面（见第 102 页）。

钩状云（unc）

其名称 uncinus 来源于拉丁语，意思是钩状的。钩卷云（CH1）呈典型的逗号形或钩子形。

波状云（un）

其名称 undulatus 来源于拉丁语，意思是波状的。波状云是云彩的变种之一，呈平行的波纹状或波浪状。

缟状云（vel）

其名称 velum 来源于拉丁语，意思是船的帆或帐篷的门帘。缟状云是一种附属云，会在水平方向延伸得很长，就像一朵或多朵积状云（见第 096 页）上方缠绕的纱帐。

羽翎状云（ve）

其名称 vertebratus 来源于拉丁语，意思是脊椎骨般的。羽翎状是云彩的变种之一（比较典型的是羽翎卷云），在天空中看起来像肋骨或鱼骨。

幡状云（vir）

其名称 virga 来源于拉丁语，意思是杆。幡状云是无法到达地面的降水（通常指雨或雪）所产生的拖尾（见第 099 页）。

延伸阅读

Day, John A., *The Book of Clouds* **(New York, 2006)**

Dunlop, Storm, *How to Identify Weather* **(London, 2002)**

The Weather Identification Handbook **(Guilford, Conn., 2004)**

Flannery, Tim, *The Weather Makers: The History and Future Impact of Climate Change* **(London, 2006)**

Hamblyn, Richard, *The Invention of Clouds: How an Amateur Meteorologist Forged the Language of the Skies* **(London, 2001)**

Howard, Luke, *On the Modifications of Clouds, &c.* **(London, 1803; 1865)**

The Climate of London, 2 vols (London, 1818; 1820)

Kington, J. A., " A Century of Cloud Classi.cation" , *Weather* 24 (1969): 84—89

Met Office, *Cloud types for observers: reading the sky* **(Exeter, 2006)**

Pilsbury, R. K., *Clouds and Weather* **(London, 1969)**

Pretor-Pinney, Gavin, *The Cloudspotter's Guide* **(London, 2006)**

Rubin, Louis D., and Duncan, Jim, *The Weather Wizard's Cloud Book: How You Can Forecast the Weather Accurately and Easily by Reading the Clouds* **(New York, 1989)**

Scorer, Richard, *Clouds of the World: A Complete Colour Encyclopedia* **(Newton Abbot,1972)** and Arjen Verkaik, *Spacious Skies* **(Newton Abbot, 1989)**

Stephens, Graeme L., **" The Useful Pursuit of Shadows"** , *American Scientist* **91 (2003):442—449**

Thornes, John E., *John Constable's Skies: A Fusion of Art and Science* **(Birmingham,1999)**

World Meteorological Organization, *International Cloud Atlas,* 2 vols **(Geneva, 1975;1987)**

常用链接

www.cloud appreciationsociety.org
世界赏云协会官网，面向世界各地的云彩爱好者的在线社区，创立者为加文·普雷特—平尼，即《宇宙的答案，云知道》（2012）和《云彩收集者手册》（2018）的作者。

www.cloudman.com
约翰·戴版权所有，展示云彩与天空的奇迹。

www.metoffice.gov.uk
英国国家气象局主页，既是最新天气预报的信息来源，也提供广泛的天气与气候方面的教学资源。

www.nws.noaa.gov
美国国家气象局官网，由美国国家海洋和大气管理局管理，是美国主要的天气信息来源。

希望书中专业的观云知识，

能让大家读懂云彩

更好地享受天空带给我们的乐趣，

更加珍惜我们的生态环境！